100 Marine Creatures Youngsters Should Know

青少年
应当知道的 100 种
海洋生物

主编◎魏建功　文稿编撰◎柳晓曼　图片统筹◎柳晓曼

中国海洋大学出版社
CHINA OCEAN UNIVERSITY PRESS

海洋启智丛书

总主编　杨立敏

编委会

主　任　杨立敏
副主任　李夕聪　魏建功
委　员　（以姓氏笔画为序）
　　　　刘宗寅　朱　柏　李夕聪　李学伦
　　　　李建筑　杨立敏　邵成军　赵广涛
　　　　徐永成　魏建功

总策划
朱　柏

执行策划
邵成军　邓志科　由元春　乔　诚　赵　冲

写在前面

海洋，广阔浩瀚，深邃神秘。她是生命的摇篮，见证着万千生命的奇迹；她是风雨的故乡，影响着全球气候变化。她是资源的宝库，蕴含着丰富的物产；她是人类希望之所在，孕育着经济的繁荣！在经济社会快速发展的 21 世纪，蔚蓝的海洋更是激发了无尽的生机。蓝色经济独树一帜，海洋梦想前景广阔。

为了引导广大青少年亲近海洋、了解海洋、热爱海洋，中国海洋大学出版社依托中国海洋大学的海洋特色和学科优势，倾情打造"海洋启智丛书"。丛书以简约生动的语言、精彩纷呈的插图、优美雅致的装帧，为中小学生提供了喜闻乐见的海洋知识普及读物。

本丛书共五册，凝聚着海洋知识的精华，从海洋生物、海洋资源、海洋港口、海洋人物及海洋故事的不同视角，勾勒出立体壮观的海洋画卷。翻开丛书，仿佛置身于海洋

的广阔世界:这里的海洋生物遨游起舞,为你揭开海洋生物的神秘面纱,呈现海洋生命的曼妙身姿;这里的海洋资源丰富,使你在海洋的怀抱中,尽情领略她的富饶;这里的海港各具特色,如晶莹夺目的钻石,独具魅力;这里的海洋人物卓越超群,人生的智慧在书中熠熠闪光;这里的海洋故事个个精彩,神秘、惊险与趣味并存,向你诉说海洋的无限神奇。

海洋,是一部永远被传诵的经典。她历经亿万年的沧桑变迁,从远古走来,一路或壮怀激烈,或浅吟轻唱,向人们讲述着亘古的传奇。海洋胸怀广阔,用她的无限厚爱,孕育苍生。蓝色的美丽,蓝色的情怀,蓝色的奇迹,蓝色的梦想!

我们真切希望本丛书能给向往大海的中小学生带来惊喜,给热爱海洋的读者带来收获。祝愿伟大祖国的海洋事业蒸蒸日上!

杨立敏

2015 年 12 月 23 日

前言

　　空中自由翱翔的海鸥，水中调皮可爱嬉闹的海豚，雪地上憨态可掬行走的企鹅，海底五颜六色的珊瑚，美轮美奂的贝壳，多姿多彩的虾蟹……神秘而美丽的海洋里，生活着形形色色的生物。

　　蓝色的海洋约占地球表面积的3/4，给地球带来了无限生机，海洋里的生命也让人惊叹——有海洋哺乳动物，有海洋鱼类，有海洋贝类，还有海洋虾蟹、海洋鸟类，等等。这些海洋生物有着千奇百怪的形状：条状的，带状的，纺锤状的……有着五花八门的颜色：红色，白色，蓝色……还有着不同的大小：大到几十米长的海洋哺乳动物，小到要在显微镜下才能看到的海洋微藻……它们还有着各不相同的本领：有的会爬树，有的会发光，有的会潜水，有的能飞翔……形形色色的海洋生物，以自己独特的方式生活和繁衍着，丰富了人类的生活，也带给人类无限的惊喜。

　　海洋里到底有多少生物呢？根据最新的全球海洋生物普查报告，已经知道的海洋生物有21万种，然而海洋生物的实际种类，预计是这个数字的十倍以上，超过了两百万种。我们自然无法全部了解众多的海洋生物，在这本书里，精心选取了100种和人类生活联系比较密切的进行介绍，以揭开海洋生物神秘面纱的一角。

　　为什么要认识和了解这些海洋生物呢？认识和了解海洋生物，可以更好地认识美丽的海洋，了解海洋的神奇，进而珍惜和保护海洋。青少年是保护和建设海洋的明天和希望，蓝色的海洋和生活在海洋里的这些可爱的生物，都等待着你们去探究。

　　丰富的海洋生物知识，生动有趣的叙述，色彩亮丽的图片，让我们一起打开这本《青少年应当知道的100种海洋生物》，在趣味阅读中感受清新的海风和涌动的海水，体味海洋的神秘，领略海洋生命的多彩与神奇。

目录

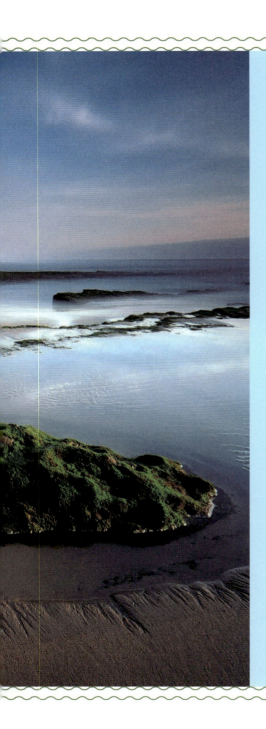

第一部分

海洋哺乳动物

海洋哺乳动物，也被人们叫作海兽，它们是哺乳动物中适应海栖环境的特殊类群。海洋里的哺乳动物种类很多，主要包括鲸目、海牛目和鳍脚目。

其中，鲸目包括鲸和海豚，它们是所有哺乳动物中最适应海洋生活的一个分支，已经完全不能在陆地上生活。海牛目是适应海洋生活的食植性动物，它们的前肢是鳍状，后肢变成了尾鳍，不能上岸行走。鳍脚目是适应海洋生活的肉食性动物，鳍脚目现存有三个科：海狮科、海豹科和海象科。

落日余晖的海面上，虎鲸露出背鳍游动，座头鲸唱着优美的"歌谣"，海獭懒懒地躺在海面休息，海豚一跃而起，划出优美的弧线……这些海洋哺乳动物，组成了一幅美丽的图景。

1. 海洋"独角兽"一角鲸

在冰雪覆盖的北极海洋之中,生活着这样一群奇异神秘的生物,它们被叫作海洋中的"独角兽",那就是一角鲸。为什么说一角鲸是奇异神秘的物种呢? 那是因为和其他早已被人们所熟悉了解的海洋物种不同,一角鲸在海洋里游泳的速度极快,直到今天,人们对一角鲸的了解还不够完全。

一角鲸只在北极水域生活,一般身体长度在四五米,有一吨多重,它们的背部是黑色的,腹部是白色的,看上去非常漂亮。一角鲸平常吃的食物是海洋里的一些鱼虾。它们喜欢一群一群聚集在一起,通常是 5~20 只一角鲸聚集在一起,形成一个小群体。

一角鲸的特别之处在于,雄性一角鲸的左边牙齿通常会长成一颗螺旋状的长牙,这颗长牙一般能有三米长,看上去像是一把利剑。

一角鲸的这颗长牙有什么用呢? 以前人们以为这是它们在海底遇到危险时用来和敌人打斗的武器。实际上,这种看法是错误的。这颗引人注目的长牙,是一角鲸的感觉器官。在这颗长牙上,分布着许多神经末梢,这些神经末梢直接和海水接触,可以十分灵敏地去感受海水盐度的变化。北

极的海面上通常覆盖着厚厚的冰层,冰层下面的海水盐度高,而冰层融化会使海水的盐度降低。聪明的一角鲸通过这颗长牙感受海水盐度的变化,继而寻找到冰层上的呼吸孔,通过这些呼吸孔来呼吸,否则,它们就会因为窒息而死亡。

　　然而,一角鲸的这颗长牙,也会给它们带来杀身之祸。在古代,人们就对一角鲸的长牙情有独钟,古代欧洲的王公贵族会用它做成各种各样的装饰物,还有一些人认为一角鲸的长牙是一种能治百病的灵丹妙药。古代的因纽特人把它绑在木棍上,做成长矛或者鱼叉,用来捕猎。人们大量捕杀一角鲸,使得它的数量越来越少。另外由于一角鲸极其挑食,迁徙路线一成不变,所以它们面临着遭捕杀的危险。目前有很多国家已经采取措施,禁止捕杀一角鲸和出口鲸牙,来保护这个海洋里神秘的"独角兽"。

← 一角鲸

2. "海上巨人"蓝鲸

蓝鲸有"海上巨人"之称,是地球上最大的动物,不光是现存动物中最大,也是地球上曾经出现过的所有动物中最大的,可以说是大自然的奇迹。据记载,最大的蓝鲸比最大的恐龙还要重3倍以上,有30多米长,舌头上能站立50个人。就连一只刚出生的蓝鲸宝宝,通常要比一头成年大象还要重。同时,蓝鲸还是世界上能发出最大声音的动物,它的声音可以在深海中穿越1000多千米,呼唤浩瀚海洋中的同伴。

蓝鲸身体表面通常是淡蓝色或者灰色,背部有一些淡淡的细碎斑纹,胸前有一些白色的斑点,头顶部会有两个喷气孔。不像一角鲸只生活在北极海洋里,蓝鲸是一种世界性分布的海洋生物,分布于从南极到北极之间的各大海洋中,尤其是南极附近的海洋中数量较多,热带水域较为少见。

↑ 蓝鲸

蓝鲸还是一个"大胃王"呢!它最喜欢吃的食物,是海洋里的磷虾。它一次可以吃掉约200万只磷虾,每天要吃掉4~8吨,如果腹中的食物少于2吨,就会有饥饿的感觉。正是由于如此大的食量,蓝鲸才能发育得这样巨大。除了磷虾,蓝鲸的食物还有其他虾类、小鱼、水母,以及其他浮游动、植物。

蓝鲸是一种海洋哺乳动物，和其他的哺乳动物一样，是用肺进行呼吸的。每 10~15 分钟，蓝鲸会浮出海面呼吸一次，每一次浮出海面，都会在海面上涌起水柱，看上去像海上喷泉一样壮观。

蓝鲸是一种重要的海洋经济物种，脂肪含量很高。正因如此，人类为了获取鲸脂，大量猎杀鲸鱼。蓝鲸因为庞大的身躯、丰富的脂肪，是捕鲸人极欲征服的目标，目前全球只剩下一万多只。自 1932 年，国际上就已经对每年捕杀蓝鲸的数量作了限制，但是蓝鲸的处境仍然十分危险，呼唤着人类的拯救。

↑ 座头鲸

3. "音乐家"座头鲸

在海洋的鲸类王国中,有一种鲸可以被叫作海上的"歌唱家",那就是座头鲸。为什么叫它歌唱家呢?因为座头鲸的听觉十分敏锐,并且能发出多种声音。在 20 世纪 70 年代,美国有一个著名的鲸类学家通过水听器记录了座头鲸的叫声,经过电脑对这些叫声进行分析后发现,座头鲸发出的声音里包含着"悲叹""呻吟""颤抖""打鼾""长吼"等 18 种不同音调,并且节奏分明,抑扬顿挫,交替反复,好像在吟唱着一首旋律优美的歌曲。因此,在 1977 年的春天,美国有人将座头鲸的歌声连同古典音乐、现代音乐以及联合国 60 个成员国的 55 种不同语言录在了同一张唱片里。不过需要知道的是,在座头鲸的世界里,只有雄性座头鲸是会唱歌的,雌性座头鲸则不会唱歌。

　　为什么这种鲸被叫作座头鲸呢？"座头"这个名字来自于日文，意为"琵琶"，这种鲸类的背部形状像琵琶一样，因此有这个名字。和蓝鲸不同，座头鲸的身体一般比较短，身长只有十来米。

　　座头鲸栖息于世界各大洋，在中国座头鲸主要分布于黄海、东海、南海，黄海北部较少，台湾南部海区较多。座头鲸是一种很温顺的动物，经常一双一对地在海底活动。它们爱吃一些小甲壳类和群游性小型鱼类。虽然座头鲸性情十分温顺可亲，群体之间也常以相互触摸来表达感情，但在与敌害格斗时，它们也会变得十分勇猛，会用强有力的尾巴猛击对方，甚至用头部去顶撞，结果常造成皮肉破裂，鲜血直流。

　　座头鲸游泳速度慢，在海面缓缓游动时，就像是一个自由漂浮的小岛，人们在海岸上也能看到它露出海面的身体。座头鲸游泳、嬉水的本领十分高超，有时先在水下游上一段路程，然后突然破水而出，缓慢地垂直上升，直到鳍状肢到达水面时，身体便开始向后徐徐弯曲，好像杂技演员的后空翻动作。如果座头鲸心情好，还会兴奋地全身跃出水面，高度可达数米，动作优美动人，落水时溅起的水花声在几十米外都能听到。

4."潜水冠军"抹香鲸

　　说到抹香鲸,先要说说它的奇怪长相。抹香鲸有着一个和身体不成比例的又大又重的脑袋,这个脑袋会占全身长度的 1/3,是动物界中最大的。但它的尾巴却又轻又小,这样的长相使抹香鲸看起来像是一只大蝌蚪。这只"大蝌蚪"有多大呢? ——体长 18~25 米,体重 20~60 吨。抹香鲸背部的肤色通常是深灰色和暗黑色,在明亮的地方下会呈现出棕褐色,腹部是有些发白的银灰色。

　　抹香鲸生活的区域非常广泛,世界各地不结冰的温暖海域里,一般都能看到抹香鲸的身影。当然,也有极少数不怕冷的抹香鲸会调皮地游到北极圈里去。抹香鲸的潜水能力非常强,被称作海洋里的"潜水冠军",在哺乳动物中,还没有哪种生物能在潜水时间和潜水深度上超过抹香鲸呢。抹香鲸深潜的时候,可以到水下 2000 多米,并且能待上两个小时呢。想一想人类,一般只能屏气几分钟,潜水深度也不会超过 20 米。和抹香鲸相比,

← 抹香鲸

真是自愧不如呢。那么，抹香鲸为什么这么擅长潜水呢？因为抹香鲸可以长时间不用换气，所以就能潜水到很深的地方啦。

有一种名贵的中药，叫作龙涎香，实际上，生产这种龙涎香的是抹香鲸。抹香鲸平日里喜欢吃海洋里的乌贼，能一口吞下一只大乌贼，但是抹香鲸无法全部消化，这些消化不了的部分会刺激抹香鲸的小肠末端或直肠始端，使其分泌一种物质，这些分泌物逐渐在小肠里形成一种黏稠的深色物质块，这种物质就是"龙涎香"。龙涎香非常名贵，它是使香水能保持芳香的最好物质，是珍贵香料的原料。龙涎香可不容易获得，偶尔有一块50~100千克重的龙涎香，便会价值连城。抹香鲸的名字，也和龙涎香有关。

据估计，雄性抹香鲸每天可以吃下超过一吨的乌贼，全球海洋里的抹香鲸每年吃掉的食物比全世界的总渔获量都还要多呢。但是，抹香鲸到底是如何在黑漆漆的海底捕捉食物的？它们那巨大的方形额头又有着什么样的作用？这些问题至今都还没有完全弄明白，等待着对它有兴趣的人们继续研究和探索。

5. "捕猎能手"虎鲸

　　胖胖的身体,圆圆的脑袋,黑色的身体上有几块白色的皮肤,憨厚可爱的样子会让人联想到大熊猫,这就是虎鲸。然而谁能想到,有着这样可爱外表的虎鲸,实际上却是"海上杀手",小到鱼类、乌贼、海龟,大到海狮、海豹甚至须鲸和抹香鲸,都难逃被这种"海上杀手"捕杀的命运,成为虎鲸美味可口的食物。因此,虎鲸也有着"杀人鲸"的称号。

➔ 虎鲸

　　虎鲸身体的长度一般 8~10 米,体重在 9 吨左右,嘴巴细长,牙齿锋利,这也是它们成为"海上杀手"必不可少的条件。另外,虎鲸还非常聪明,它们是一种高度"社会化"的动物,一些虎鲸聚集在一起会像人类一样,形成一个稳定的家族,有的是 2~3 只组成的小家族,有的是 40~50 只组成的大家族,成员间非常亲密和谐,它们会在一起旅行、捕食、休息,互相依靠着生存长大。如果群体中有只虎鲸成员受伤,或者发生意外失去了知觉,其他成员就会前来帮助,用身体或头部顶着,使受伤的虎鲸可以继续漂浮在海面上。一个族群的虎鲸,就连睡觉的时候也要扎成一堆呢,这是为了互相照应,并保持一定程度的清醒,防备敌人的攻击。

　　虎鲸的分布范围十分广泛,几乎在所有的海域里,都能看到虎鲸。

　　如果说座头鲸是鲸类中的"音乐家",那么虎鲸就是鲸类中的"语言大师"了。虎鲸在捕食鱼类时,会发出断断续续的"咋嗤"声,这种声音很像用力拉扯生锈铁门窗时发出的声音。这种声音对鱼类很有震慑力,鱼类受到这种声音的恐吓后,行动变得失常,很容易成为虎鲸的"盘中餐"。虎鲸不仅能够发射超声波,通过回声寻找鱼群,还能够通过回声判断鱼群的大小和游泳的方向。所以海底的生物,都是很害怕虎鲸的,聪明的大脑加上强大的身体,虎鲸真是海洋里的捕猎能手。

6. "水中精灵"海豚

有这样一个调查，关于人类最喜欢的海洋生物，调查结果是海底聪明可爱的小精灵——海豚。它友善的形态和调皮的性格，使得人类非常喜欢。蔚蓝无边的海面上，海豚们飞快地游动着，相互追逐打闹，不经意间就会高高跃出海面，在空中划出一道道优美的弧线。

海豚一般生活在大陆架附近的浅海里，有一些也会生活在淡水中。海豚有好多种类，种类不同大小也不同。海豚平日里喜欢吃的食物主要是鱼类和软体动物。海豚的体表一般都圆滑、流畅，有钩状弯曲的背鳍。有一些海豚身体表面有着十分醒目的彩色图案，看起来十分可爱。

海豚的睡眠十分奇特，在睡眠时，海豚两个半球的大脑处于完全不同的状态，当一个半球入睡时，另一个半球却处于兴奋状态，并且过一段时间就轮换，所以经常能看到它们睁一只眼闭一只眼。而且，在这个过程中，海豚会持续游动，一分钟也不停歇。为什么海豚会这样睡觉呢？科学家认为，这种睡觉方式，让它们即使在睡眠的时候也能够随时提防敌人并应对周围海水的变化。海豚是一种聪明的动物。

海豚的视力比较差，具有用耳朵"看"东西的高超技能。海豚在海里的时候，会先向着前方发射声波，声波在水中传播，当声波碰到鱼群或者其他目标时，会反射回来。不同目标反射回来的声波状况是不一样的，这样，海豚就可以根据反射回来的声波，判断出前方的目标是什么，以及前方目标的远近。

↑ 海豚

　　关于海豚，有着很多动人的传说和故事，例如，海豚能救人，能将落入海洋的人托到岸上。海豚还是一个天才的"表演家"，可以表演钻铁圈、玩篮球、和人类"握手"，等等。

　　这么聪明可爱的海豚，有些人却没有好好珍惜，非但不把它作为朋友对待，反而进行捕杀。在东亚(日本)、南亚、东南亚和非洲、南美洲的部分地区，猎杀海豚是千百年来不变的习俗。这种习俗给可爱的海豚，带来了很大的灾难。

7. 美丽的中华白海豚

如果鲸类家族中有选美比赛的话,中华白海豚一定能进入前三名。中华白海豚是一种非常漂亮的海洋生物,它的身体浑圆,一般两米多长,呈现出优美的流线型体态,眼睛乌黑发亮。长大之后的中华白海豚全身上下都是象牙色或者乳白色,有时候还会是粉红色的,它们的背部通常会零星分布着一些黑色斑点,不过这些斑点并不会影响中华白海豚的美丽,反而会让它们多了几分俏皮。

⬆ 中华白海豚

中华白海豚不仅有着出众的容貌,还有着超群的智商。动物专家研究发现,它们大脑的容量非常大,和黑猩猩一样聪明。而且中华白海豚的性情非常温和,与人类的关系也十分友好,有时候还会帮助渔民一起捕鱼,救助溺水者,真是人类的好朋友。

中华白海豚喜欢吃一些海洋里的中小型鱼类,它们也是一种大胃口的海洋生物,胃中食物的重量经常会在7千克以上。中华白海豚主要的生活区域在西太平洋、印度洋,中国东海也生活着一些中华白海豚。如果足够幸运的话,在风和日丽的日子里,会在东海海面上,看到中华白海豚跳出海面嬉戏。有时候,它们会全身从海面跃出来一米多高,看上去优雅美丽。

对了,中华白海豚还是中国香港地区的吉祥物之一呢。不但如此,中华白海豚在2007年的"我最喜爱的海洋十宝"投票中,取得了第一名的好成绩。这些可爱的小生灵已经被列为国家一级保护动物,有着"海上大熊猫"的称号。

↑ 海狮

8."人类的助手"海狮

海狮的脖子上长着一圈长毛,叫声很像狮子的吼叫,所以被叫作海狮。海狮很喜欢群居活动,常常可以看到一只雄性海狮带着一群雌性海狮共同生活,组成一个小王国,雄性海狮就像是这个王国里的国王一样。

海狮的体型不算太大,一般不会超过两米。海狮的种类有十几种,像南美海狮、北海狮等,其中北海狮是海狮中体型最大的,有着"海狮王"的威猛称号。海狮没有固定的生活空间,只要是食物充足、饵料丰富的地区,一般都能看到海狮调皮可爱的身影。海狮平日里喜欢吃的食物一般是鱼类、乌贼、海蜇和蚌等,也爱吃虾,在饥饿的时候甚至会吃企鹅。海狮的食量很大,它们大部分时间待在海里捕食食物,填饱自己的肚子,以补充游泳消耗的能量。海狮吃食物的时候一般都是整体吞咽,很少会细嚼慢咽,为了帮助消化,海狮经常会吞食一些小石子。

海狮白天在海中捕食,游泳和潜水主要依靠较长的前肢,偶尔也会爬到岸上晒晒太阳,夜里则在岸上睡觉。虎鲸和鲨鱼是海狮在海洋里的天敌,当海狮进入深一点的海洋里捕捉食物时,有可能会碰到这两个天敌,这时,海狮就会迅速逃命,不然就成了虎鲸和鲨鱼的食物。

对了,海狮还是人类的"小助手"呢。海狮对人类最大的帮助是可以打捞沉入海底的东西。在古代,什么东西一旦跌落深海,一般是有去无回。

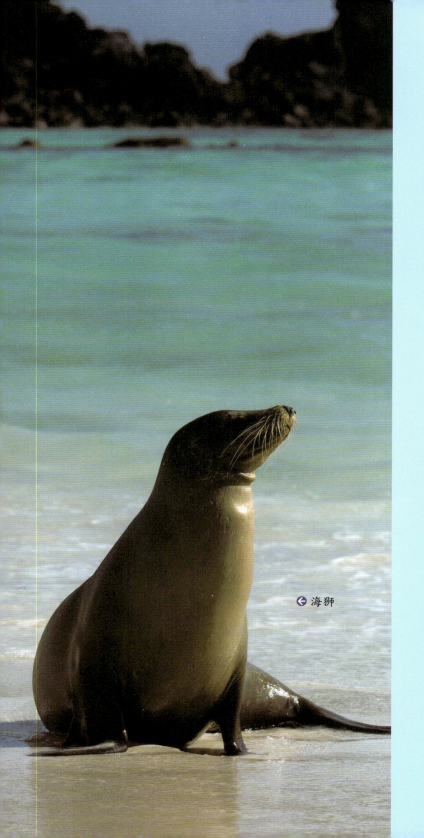

海狮

然而在科学发达的今天，有些很宝贵的试验材料必须找回来，比如从太空返回地球时因为意外掉落到海洋里的人造卫星。这些东西落入深海，通常连潜水员也没有办法，这个时候，人们就要求助有着高超游泳本领的海狮。经过训练的海狮，可以完成一些潜水任务，代替潜水员打捞海底遗物，还可以进行水下军事侦察和海底救生呢。海狮的要求也很低，完成任务之后，只要给它们一些爱吃的鱼类和乌贼，它们便会很开心。海狮经过训练以后，也经常在水族馆和动物园表演节目，给人们带来了欢乐。

9. "动物明星"海豹

海豹是一种十分可爱的海洋生物,它长着圆圆的头部和大大的眼睛,身体圆滚滚的,全身长着短短的毛。海豹的背部是蓝灰色的,腹部是乳黄色的,它们的毛色会随着年龄的增长发生变化:小的时候身上的颜色是深色;成年以后,就变成了浅色。

↑ 海豹

南极和北极,都可以看到海豹的可爱身影。鱼类、软体动物和甲壳动物都是海豹们爱吃的食物。为了维持身体的温度和提供运动能量,海豹每天要吃掉相当于自己体重 1/10 的食物呢。

海豹是一种非常聪明的动物,经过一段时间的训练,海豹可以做各种类型的表演:跳圈、接皮球、水中芭蕾、拉小车……常常会引来阵阵惊叹和喝彩,无愧为海洋馆里的"动物明星"呢。

海豹有着很高的经济价值。海豹的肉味道鲜美,营养十分丰富。皮质柔韧,可以用来制作衣服、鞋帽等等,海豹身体里的脂肪可以提取出来当作工业用油和营养品,肝含有十分丰富的维生素,是价值很高的滋补品,肠也是制作琴弦的上等材料,连海豹的牙齿都可以用来制作精美的工艺品。正是因为海豹具有这么高的经济价值,每年都会遭到人类的大量猎杀。这些猎杀导致海豹的数量急剧减少。为了保护这种可爱的小生灵,从 1983 年开始,国际上把每年的 3 月 1 日定为国际海豹日,在这一天,全球各地的动物保护人士会举行各种活动,劝说人们保护海豹。

↑ 海牛

10. "哭鼻子"的海牛

　　海牛和陆地上的牛一样，都是哺乳动物。根据动物学家的考证，海牛最开始也是陆地上的"居民"呢，近 1 亿年前，由于环境的变迁而被迫下海，成了生活在海洋里的动物，在海洋里生活之后，依然保持着吃草的习性，特别喜欢吃海洋里各种各样的水草。海牛吃水草的时候像卷地毯一般，一片片地吃过去，因此被称作"水中除草机"。有些热带和亚热带地区的海域，经常会出现水草过于旺盛妨碍航行等问题，这个时候，有海牛帮助，便可以解决这些问题。

有这样一个名字，海牛是不是和牛长得很像呢？实际上并不是，海牛其实是大象的远亲，它们庞大的身躯和厚厚的皮肤，都和大象非常相像。海牛的身体长度平均在2.8~3.0米之间，体重在400~550千克，雌性海牛通常比雄性海牛更大、更重。

海牛通常存在于亚马孙河流域以及佛罗里达州、西非、墨西哥湾和加勒比海这些水域。海牛生活的地方水的温度必须高于16℃。冬天到来的时候，海牛会转移到温暖的地方。这是因为这类哺乳动物的身体虽然非常巨大，但脂肪非常少。它们很容易感到寒冷，所以没有办法在冰冷的海水中生存。中国海域没有海牛，但是在北京动物园里却有海牛，这是1976年墨西哥对中国赠送的两只可爱的熊猫宝宝的回礼。经过精心的照料，这两只海牛已经在中国生儿育女了呢。

海牛多半栖息在浅海，从不到深海去，更不到岸上来，海牛离开水以后，它们就不停地"哭泣"，"眼泪"不断地往下流。但是它们流出是用来保护眼珠、含有盐分的液体。

海牛虽然看上去体大笨重，但形态结构明显体现出了对海洋生活的适应。海牛身体的背部颜色是深灰色的，而腹部的颜色则比较浅。当它卧在水底的时候，身体颜色和周围的环境差不多，这样就不容易被敌人发现了。

对了，海牛还有着"美人鱼"的称呼呢。那是因为母海牛有着一对高高隆起的丰满乳房，当母海牛给海牛宝宝喂奶时，会把海牛宝宝抱起来露出海面，头上顶着海藻，在傍晚或者月色下，远远望去像一个哺乳的美人，后来就产生了"美人鱼"的传说。

11. "瞌睡大王"海象

海象厚厚的皮肤上有很多褶皱,小小的眼睛,长长的牙,短短的鼻子,看起来十分丑陋。和陆地上肥头大耳、长长的鼻子、四肢粗壮的大象不同的是,海象的四肢因适应水中生活已退化成鳍状,不能像大象那样在陆地上行走,只能在冰上匍匐前进。

海象体型巨大,雄性海象的体重一般超过一吨。它们的身体是圆筒形的,粗壮而肥胖,是海洋中除了鲸类以外的最大动物。雄性海象身体的长度一般会在3.3~4.5米,体重1200~3000千克,雌性海象较小,体长一般为2.9~3.3米,体重600~900千克。目前全世界大概有15万头海象。

↑ 海象

每年四五月份，是海象的繁殖期。小海象出生之后被母海象带着下水，半个月后就能适应海洋生活。刚出生的小海象身上的皮肤是黑绿色的，成年之后，雌性海象身上的皮肤变成了褐色，雄性海象身上的皮肤则是红褐色或者粉红色。不过随着海象的慢慢长大，其皮肤会渐渐失去原来的光泽，变得异常粗糙。

海象是出色的潜水能手，一般能潜入 90 米深的海里，在水中逗留大约 20 分钟。海象厚厚的皮肤下面有着大约三寸厚的脂肪层，这些脂肪层可以帮助它们耐寒保温。海象的长牙朝下长，最长的可达 1 米左右，它们对海象非常有用，是生存的工具。海象潜入海底时，可以利用长牙把海底泥沙中的蛤蜊挖出来，再用宽大灵活的前鳍收集在一起，运到海面上作为自己的食物。当它们把猎物用前鳍压住时，长牙则又成了它们的杀敌武器。海象还用长牙在冰上开洞以便呼吸，另外，海象的长牙也是它们在家族中身份的象征呢。

海象主要生活在北极或近北极的温带海域。海象是群栖性的动物，在冰冷的海水中和陆地上过着两栖的生活，每群从几十只、数百只到成千上万只不等。为了缓解在海洋中长期游动后的疲劳，海象在陆地上大多数时间都用来睡觉。海象是出了名的"瞌睡大王"，常常一上岸就倒下酣然入睡。如果栖息地太小的话，甚至会两三层叠在一起，却依然睡得很甜。

12. 小个子大智慧的海獭

海獭是一种海洋哺乳动物，不过同鲸鱼、海象等哺乳动物相比，海獭算是哺乳动物中的"小个子"。雄性海獭身长一般是1.5 米左右，体重在 45 千克左右。雌性海獭的身体长度只有 1.3 米左右，体重大概在 33 千克。海獭们长着小小的脑袋、小小的耳朵和圆滚滚的躯体，有一个长长的扁平状的尾巴，游泳的时候尾巴可以当舵使用，十分有趣。

海獭一生中的大部分时间都在水里，在水中进食、游玩、哺育后代。海獭的身上有着一层厚实的皮毛，还长着一层脂肪。海獭十分热爱身上的这层皮毛，它们吃完东西后会用爪子和牙齿反复梳理身上的皮毛，连头尾和

四肢都不落下，胸腹部这个"餐桌"也都洗得干干净净。海獭的这种"梳妆"可不单单是为了干净，也是为了生存，海獭的皮毛起保护作用，如果皮毛乱蓬蓬的，或者沾上了污秽，海水就会直接浸透到皮肤，把身体的热量散失掉，就有可能会被冻死。

　　海獭是一种稀有动物，只生活在北太平洋的寒冷海域，中国海域没有海獭。海獭的食物大部分是海底生长的贝类、海胆、螃蟹等，有时也吃一些海藻和鱼类。海獭是一个大胃口的动物，通常一天要吃掉它们体重 1/3 的海鲜。海獭最喜欢吃的食物是海胆，但海胆的壳很坚硬，靠牙齿是咬不开的，海獭就想出了一个很聪明的办法：它们抓到海胆以后，先把海胆藏在两个前肢下面松弛的皮囊中，然后捡来一块拳头大小的石头。接下来，海獭会游到水面四肢朝上仰躺着，用前肢抓住海胆使劲往石头上撞击，击几下

↓ 海獭

以后看一下海胆的外壳有没有破碎,如果没有,海獭就会继续用力撞击,一直到把海胆的外壳击裂露出里面的肉,如果发现壳敲破了,海獭便马上将里面的肉质部分吸食出来。吃饱之后,海獭把石头藏在皮囊中,即使海浪冲击也不会掉落,这块石头,海獭会保存下来反复使用。怎么样?海獭的智商非常高吧,科学家们认为,海獭的智力甚至都超过了类人猿呢。

第二部分

海洋鱼类

　　各种各样的海洋生物里，鱼类是同人们生活最密切的一种，它们也是海洋里的主要居民之一，在蔚蓝的大海里自由自在地畅游着，给大海带来无限生机。海洋鱼类一共有超过一万种，它们是一类用鳃呼吸，用鳍游泳，身体表面长着鳞片的海洋脊椎动物。

　　从两极海域到赤道海域，从浅海到大洋，从表层到深渊都分布着海洋鱼类。生活环境的多样，促成了海洋鱼类的多样性，有些鱼类还有着神奇的本领：会发光的、会放电的、会治病的、会飞的等等。它们的形态也各不相同，有非常适宜于游泳的梭形、有适合在海底生活的侧扁形，此外还有蛇形、带形甚至是球形呢。

13. "大洋猎手"大白鲨

　　大白鲨是一种大型的海洋肉食动物，它们分布在大洋的热带及温带水域，乌黑的眼睛和尖锐的牙齿，让大白鲨在鲨鱼中非常容易被辨认出来。大白鲨的身体可以有6米多长，是新月一样的形状，体重能达到3200千克。大白鲨因为体型巨大又特别具有进攻性，因此也被叫作"食人鲨"，像是海洋里游荡的杀手一样。

　　什么是大白鲨喜欢吃的呢？大白鲨最喜欢捕食鱼类、海龟、海鸟、海狮，还有与它们体重相似的海象、海豹、须鲸，偶尔它们也会吃海豚、鲸鱼的

↑ 大白鲨

尸体等。海獭或者是海面上漂浮着的一些死鱼,有时候也会成为大白鲨的美食。大白鲨的嗅觉和触觉都非常灵敏,使它们便于捕猎。为了能准确地抓住猎物,大白鲨一般会采用突然袭击的方式。它们首先会潜伏在海底,确认猎物之后,便从下往上一跃而起,突然进攻。大白鲨是可以把头部直立于水面之上的鲨鱼,这可以帮助它们在水面上四处搜寻可以让自己饱餐一顿的猎物。

　　大白鲨的牙齿非常锋利,它们的牙齿结构非常特别,不是固定着的一排,而是五六排,好像屋顶上覆盖的瓦片,一旦最外面的某颗牙齿脱落,靠近里面一排的牙齿会往前移动,来补充空缺。它们在咬东西的时候,有可能会脱落十来颗牙齿,但不久就会长出新的牙齿来。这样就保证了它们几乎永远有一副锐利的牙齿。因此,大白鲨一生中会换数以万计的牙齿。据统计,一条大白鲨,在 10 年内竟然会换掉两万余颗牙齿。

　　大白鲨有时候还会攻击人类。在海洋里的冲浪者和潜水员,有时会遭受大白鲨的攻击而丢失生命。然而人类也在对大白鲨的生活进行着破坏,千千万万生活在海边的人都把鲨鱼视为蛋白质的来源,因此进行捕杀,这些行为导致大白鲨的数量越来越少,如今世界各地的大白鲨不到 3000 只,比野生老虎还要少。如果没有了大白鲨,整个海洋的生态平衡可能遭到破坏,大白鲨需要人类的保护。

↑ 鲸鲨

14. 鱼类"巨人"鲸鲨

鲸鲨是最大的鲨鱼,而不是鲸。它们用鳃呼吸,是鱼类中身体最长的,一般在十米左右。鲸鲨的身体是稍微有点扁的圆柱形状,呈灰色或者褐色,有一个大大的脑袋和一张 1.5 米左右宽的嘴巴。鲸鲨身体下侧的颜色是淡淡的,长着明显的黄色或白色的小斑点和一些窄窄的横条纹,所以鲸鲨还有一个响亮吉利的名字,叫作"金钱鲨"。每种鲸鲨的斑点都是独特的,通过这独特的斑点,生物学家们可以辨别不同种类的鲸鲨。

东南亚和中国台湾周边的海域是鲸鲨的主要捕捞区。捕捞来的鲸鲨可以用来食用,鲸鲨的鳍有时候也会被用来做鱼翅,肝脏可以用来做鱼肝油,皮肤也可以用来制作皮革,可以说,鲸鲨的全身都是宝。

鲸鲨是一种喜欢单独活动的动物,除非在食物丰富的地区觅食,否则它们很少群聚在一起。鲸鲨的游动速度缓慢,常漂浮在水面上晒太阳。鲸鲨的个性是相当温和的,还会与潜水人员一起游玩嬉闹呢。

鲸鲨喜欢吃的食物有浮游生物、大型海藻、磷虾等。鲸鲨喜欢吃的这些东西,都不必去追逐,不需要具备灵活的身手,它们的生活节奏非常缓慢。鲸鲨长着一个十分灵敏的鼻子,通常是靠着嗅觉来寻找食物。

15. 尊贵的中华鲟

海洋里有一种鱼类，它的生存历史十分久远，是恐龙那个时代的生物，到现在已经有一亿多年，对科学家们研究鱼类的进化有着十分重要的价值，它就是中华鲟。

⬆ 中华鲟

中华鲟的脑袋和身体背部都是青灰色或者灰褐色的，腹部是灰白色，全身都没有刺。中华鲟到底有多么大呢？一条成熟的中华鲟大概有4米多长，体重达几百千克。有一只被记录的"鲟鱼之王"，体重达到了560千克。中华鲟不但体型巨大，还是一种非常长寿的鱼，一条中华鲟可以活40年左右。

中华鲟虽然长了一个大个头，但它的食物却比较小。中华鲟喜欢吃一些浮游生物和植物碎屑，偶尔会吃一些小鱼、小虾。中华鲟是一种高蛋白、多脂肪性的鱼类，它全身都是宝：中华鲟的皮能用来做皮革，卵可以做成酱，胆是一种中药，肉、肠、鳔、骨都能做成可口又美味的菜肴。

中华鲟是中国独有的珍稀物种，在中国东南沿海的大陆架海域生活，同时中华鲟还是国家一级保护动物，十分尊贵。因为中华鲟特别名贵，有一些国家想引进这种鱼，但中华鲟总是恋着自己的故乡。归乡的路并不是一帆风顺的，中华鲟在回来的途中，表现出了惊人的耐饥、耐劳、识途和辨别方向的能力，正是这种对故乡深深的爱，让人们把"中华"这个名字送给了它们。

16. 海洋"发电机"电鳐

　　海洋里的生物真是形形色色、无奇不有，有这样一种神奇的海洋鱼种，竟然可以发出高压电，是不是非常让人惊叹？这种能发电的神奇鱼种就叫作电鳐，电鳐不但可以发电，还能够自己掌握放电的时间和强度。这种高超的发电本领使得电鳐在鱼类中非常出名，水族馆里也经常会展示这种鱼种给人们观赏。

　　电鳐主要分布在太平洋、印度洋和大西洋西部的沿岸海域，中国只有南海地区有电鳐。它们平日里喜欢栖息在海底。电鳐的身体柔软，皮肤光滑，头与胸鳍形成圆形或近于圆形的体盘。电鳐头胸部的腹面两侧各有一个肾脏形蜂窝状的发电器，它们排列成六角柱体，叫"电板柱"。电鳐身上共有 2000 个"电板柱"，有 200 万块"电板"。"电板"之间充满胶状物质，

↓ 电鳐

可以起绝缘作用。每个"电板"的表面分布有神经末梢，一面为负电极，另一面则为正电极。电流的方向是从正极流到负极，也就是从电鳐的背面流到腹面。在神经脉冲的作用下，神经能转化成电能，然后放出电来。

世界上有很多种类的电鳐，不同种类的电鳐发电能力各不相同。非洲电鳐一次发电的电压在 220 伏左右，而较小的南美电鳐一次只能发出 37 伏的电压。由于电鳐会发电，人们把它叫作活的发电机、活电池、电鱼等。电鳐每秒钟大约能放电 50 次，但连续放电后，电流逐渐减弱，10~15 秒钟完全消失，不过不用担心，电鳐休息一会后，便恢复放电能力了。电鳐的放电特性启发人们发明和创造了能贮存电的电池。人们日常生活中所用的干电池中正、负极间的糊状填充物，就是受电鳐电板间的胶状物质启发而改进的。

电鳐还可以治病呢。早在古希腊和罗马时代，医生们常常把电鳐放到病人身上，或者让病人去碰一下正在放电的电鳐，利用电鳐放电来治疗风湿症和癫狂症等疾病。就是到了今天，在法国和意大利沿海，还可以看到一些患有风湿病的老年人，在退潮后的海滩上寻找电鳐，当自己的"医生"呢。

17."海中人参"海马

相不相信,在海洋里也能见到"马",而且这"马"还是袖珍型的,身体的长度一般只有十几厘米,最大的也不超过30厘米,这就是生活在海洋里的一种鱼——海马。海马因为长了个和马很像的脑袋,所以就有了这个名字。仔细观察海马,还会发现它长了一双蜻蜓一样的眼睛呢,它的眼睛可以上下、左右或者前后活动,当海马的身体不方便转动的时候,就可以靠着这双灵活的眼睛来观察周围的环境。

海马在全世界海洋中都有分布,热带和亚热带海域的海马数量比较多。中国海南岛四周和西沙群岛近海都十分适宜海马的繁衍生长,共有十多个品种。海马通常生活在海藻丛生或者有珊瑚礁分布的海区,或者依附在漂浮物上随波逐流。海马因为自己的外形,再加上没有尾鳍,所以不擅长游泳,常常会用自己的尾巴紧紧抓住珊瑚或植物的枝叶,将自己的身体固定住,防止被水流冲走。海马的适应能力很强,可以在不同盐度的海水中生活,有时候在淡水中也能生活下去。海马平时喜欢吃的食物,是生活在海洋里的一些小型甲壳类动物。

在海马家族,有一个独特的传统是雄海马来负责孵化职责。雄海马的腹部长着一个小小的"育儿袋"。雌海马会把卵产到这个"育儿袋"里面,雄海马负责使这些卵子受精。雄海马会一直把受精卵放在自己的"育儿袋"里,经过五六十天,海马宝宝就会从海马爸爸的"育儿袋"中孵出,所以说是海马爸爸负责育儿。

海马是一种经济价值很高的名贵中药,可与人参相提并论,有着"海中人参"的称号。海马可以用来制造药品,也可以直接食用,有强身健体的功能。此外,海马还可以用来制造工艺品,海马经过加工之后可以保持原有的形状和斑纹,美观华丽。还

可以用干海马来制造耳钉、胸针等装饰品，在一些度假胜地的海边经常会看到这些可爱的小物品出售。

→ 海马

↑ 鮟鱇

18. 提灯漫游的鮟鱇

　　鮟鱇又叫作老人鱼,这是因为它发出的声音好像老人的咳嗽声。鮟鱇一般在海底生活,生活在热带和亚热带浅海水域,大西洋、太平洋和印度洋等海域均有分布。

　　鮟鱇是一种形状古怪的鱼,它的样子看上去有点像癞蛤蟆。雌性鮟鱇长着一张大嘴和锋利的牙齿,还有一个大肚皮,最为奇特的是,它的头顶上长着一根细长的"钓鱼竿","钓鱼竿"的顶端是发光器,这个发光器很像一盏"灯",它就是靠着这盏"小灯"在海洋里谋生和漫游的。海洋里一些没有经验的小鱼看到这奇妙的"小灯"常常会游过来看个究竟,鮟鱇便会抓住机会,不等这些小鱼反应过来,就把它们吞进了肚子里。不过这个"小灯"有时候也会给鮟鱇带来麻烦,因为不光自己的猎物会看到,敌人也有可能会看到。当遇到一些凶猛的鱼类时,鮟鱇就不敢和它们"正面作战"了,它会迅速把自己的"小灯"塞回嘴里去,海洋中顿时一片黑暗,鮟鱇趁着黑暗转身就逃。冲着鮟鱇来的大鱼,在黑暗中什么也看不见,只得悻悻离去。

　　鮟鱇虽然长相丑陋,但其肉味道却很棒,营养价值很高。在日本一些地方,鮟鱇被认为是人间极品,有"西有河豚,东有鮟鱇"的说法。鮟鱇肉质地和龙虾一样结实,非常有弹性,胶原蛋白十分丰富,被说成是"穷人的龙虾"。鮟鱇的肝更有着"海底鹅肝"的称号。

19. 为海洋"点灯"的灯笼鱼

夜晚在海洋上航行的话,有时候在海面上会看到一条"火龙"或者是一行亮堂堂的"灯火"游来游去,十分神奇。这些"灯火"是海洋中的一些动物引起的。在神秘的大海深处,也有很多会"点灯"的动物,它们让宁静的海洋充满了迷人的生命力。在会"点灯"的动物中,灯笼鱼就是其中的一种。

↑ 灯笼鱼

灯笼鱼是一种小型的深海发光鱼,又被叫作提灯鱼、头尾灯鱼、车灯鱼等。它们的种类繁多,目前已经知道的有 200 多种。在海洋里,灯笼鱼喜欢吃的食物通常是一些硅藻或者小型的甲壳类生物。

灯笼鱼的个子很小,是一种性情特别温和的海洋鱼类,喜欢群居。它们的身体一般只有四五厘米长,短短的头部,圆圆的肚子,眼睛周围和尾巴上都长着金黄色的斑点。灯笼鱼的头部、胸腹部和尾巴上都规律地排列着

一些"发光器"。这些"发光器",是一群特别的细胞。这些细胞可以分泌出一种含有磷的液体,这种液体在氧化反应中产生的荧光就是灯笼鱼所发出来的光。但是灯笼鱼的这些"灯火",只发光,不发热,因此人们称它们是海底的"冷光"。

海洋里的小动物看到灯光,被吸引过来,之后就成了灯笼鱼的点心。有了灯光,灯笼鱼还可以寻找和邀请自己的同伴,凶猛的敌人看到了,就不敢轻易攻击它们。

有的灯笼鱼的尾巴有一个发光器,很像是汽车的尾灯。有的头部会长着一个很大的发光球,看上去很像是古代的灯笼。

↑ 裂唇鱼

20."海中医生"裂唇鱼

裂唇鱼又叫医生鱼,是一种生活在热带海域的鱼种。它们喜欢栖息在水深 1~40 米的珊瑚礁海域中。裂唇鱼的身体长度一般是十几厘米,背部是浅褐色的,腹部是乳白色。

为什么裂唇鱼又叫"医生鱼"呢?那是因为裂唇鱼天生可以捕捉鱼身上的寄生虫,好像是能治病的医生一样。裂唇鱼一般会在礁石附近海域等着"病鱼"上门来看病,它们会将"病鱼"身体表面、鱼鳃甚至口腔里面的寄生虫一口一口吃掉。这些"病鱼"都会温顺地听从裂唇鱼的指挥,让裂唇鱼进入到自己的口腔里帮助自己清洁,连一向凶恶的大海鳝也会对裂唇鱼十分友善,从来不会伤害它们,享受着裂唇鱼提供的清洁服务,有时候还是它们的保护者。

来找裂唇鱼"看病"的"病人"主要有两种:一种是只在当地活动的鱼,一种是四处游动的鱼。

21.“免费旅行”的鮣鱼

奇形怪状的海洋鱼类很多,鮣鱼就是其中之一。它广泛分布在亚热带和温带海域,身体细长,略呈圆筒形,一般体长 20~45 厘米,最大不超过 90 厘米。它长着一个又宽又扁的脑袋,嘴很大,下颌朝前突出。最奇特的是,鮣鱼的第一个背鳍演变成一个长椭圆形的吸盘,这个吸盘长在头顶上。吸盘的中间被一纵条分隔为两区,每区都规则地排列着 21~28 条软骨板组成的横条,像百叶窗的板一样斜向排列着。盘边有齿状的褶皱,好像一枚图章,因而得名“鮣鱼”或“鮣头鱼”。也有人觉得这个吸盘酷似鞋底,因此称其为“鞋底鱼”。

鮣鱼的游泳能力较差,但是它能利用头顶上的这个特殊吸盘,吸附在大型鲨鱼的身上,自己不付出任何代价,却能在海洋世界中长距离遨游,所以获得了一个“免费旅行家”的称号。鮣鱼特别喜欢跟鲨鱼在一起,是“鲨鱼船”的老乘客,一条大鲨鱼常常搭载着许多条鮣鱼。鲨鱼却从不伤害它身边的鮣鱼,任其吸附,四处漫游。对鮣鱼来说,它们不仅受到鲨鱼的保护可以免遭大鱼的袭击,还可吃到鲨鱼留下的剩羹残炙。

鮣鱼头顶上的吸盘,为什么能牢牢地吸附在物体上呢?原来,上述的那些横条是能活动的,吸盘同物体一接触,横条便会上提,吸盘内的空气被挤出,吸盘内形成真空,这时外部的空气和水的压力便能使它紧紧贴在别的物体上。鮣鱼吸盘的力量到底有多大呢?有人对此作了测定,一条 60 厘米长的鮣鱼,竟然能承受 10 千克的拉力。

事实上,鮣鱼不仅喜欢吸附在鲨鱼身上,也常见于其他硬骨鱼类、海龟和海洋哺乳动物的身上,有时甚至也吸附在

轮船的船底或各种漂浮物上，因此又有"船底鱼"或"粘船鱼"的称谓。

　　鲫鱼奇特的习性很早就为渔民所利用，把它当作一种捕获大型海洋动物的工具。在15世纪哥伦布发现新大陆时，就在古巴沿海看到过这种"以鱼捕鱼"的事：人们在鱼塘里饲养鲫鱼，每条鲫鱼的尾巴上都系上一根长绳子。当海里出现鲨鱼或金枪鱼时，就赶紧将鲫鱼放进海里，鲫鱼很快吸附在鲨鱼或金枪鱼身上。这时，人们只要将绳子拉紧、慢慢拖回，大鱼就被逮住了。

↓ 鲫鱼

22. 舍命吃的河豚

说到河豚这个名字，其实编者也很纠结，实际上，鱼类学家一般叫作河鲀。但是《现代汉语词典》(第六版)将河豚作为首选，故本书选用这个名字。河豚是生活在暖温带和热带近海底层的鱼种，它们在海洋的中、下层生活着，也有少数种类的河豚会进入江河中生活。河豚遇到危险的时候会吸入水和空气，把整个身体膨胀起来变成球形浮到水面上，河豚的身体可

→ 河豚

以膨胀几倍大,所以在民间河豚还有着气鼓鱼、气泡鱼的名称,同时它们皮肤上的小刺也会竖起来,用来保护自己。

河豚吃的东西很杂,它们爱吃鱼、虾、蟹、贝,有时候也会吃一些昆虫幼虫或者是一些海洋植物的叶片和丝状藻类。

为什么说河豚让人又爱又怕呢?那是因为河豚是一种很可爱的海洋小精灵,同时河豚肉的味道十分鲜美,很久以来,有些地区的人们就有吃河豚的嗜好。尤其是在日本,吃河豚有着十分悠久的历史,几乎各大城市都有河豚饭店,吃河豚已经成为日本饮食文化的一部分。但是河豚也让人十分害怕,那是因为河豚体内的某些组织器官含有剧毒,能导致人们的死亡。从一只中等大小的河豚身体中提取出来的毒素可以毒死 30 个人。所以在吃河豚的时候,必须小心翼翼把河豚身体中含有剧毒的部分取出来,河豚肉也要进行认真的清洗。

河豚还有一些很有趣的特点。河豚可以"一心两用",它可以一只眼睛用来追捕猎物,同时另一只眼睛用来放哨。这一特点是很多动物(包括人类)都没有的。除此之外,河豚还会在遇到危险的时候装丑诈死,当渔民捕捞到河豚并倒在岸上时,河豚会迅速地吸气,并膨胀成圆鼓鼓的状态诈死,这个时候人们往往会觉得它很可恶,很难看,不由自主地用脚一踢,这无形中帮了它大忙——顺势一滚逃到水中,消失得无影无踪。河豚还有着非常厉害的牙齿,河豚的牙齿力学结构非常完美,一口可以咬断 6 号铁丝呢,钓鱼的人们最担心鱼钩被河豚咬到,一旦被河豚咬到,鱼钩和鱼绳可能都不保啦。

23. 周游世界大洋的金枪鱼

金枪鱼是一种生活在海洋中上层的鱼,主要生活的地方是太平洋、大西洋和印度洋的热带、亚热带和温带水域。金枪鱼的形状很奇特,它的整个身体呈流线型,从它的头部延伸下去有一块胸甲,这个胸甲好像一块独特的能够调整水流的平衡板一样,可以减少它在海水中游动时的阻力。金枪鱼长着一个半月形的尾巴,这也使它在水里可以快速冲刺。

金枪鱼对环境的适应能力很强,它的肚子和背部的颜色是不一样的,这样,从海水里面向上看的时候,它身体浅浅的颜色跟海面的颜色差不多,而从天空往下看的时候,它又跟海洋深处水的颜色差不多。这样,金枪鱼就能靠着背腹颜色的不同,躲避空中和大海里的敌人。

⇩ 金枪鱼

↑ 金枪鱼生鱼片

　　金枪鱼的游泳速度非常快,经常会做一些跨越海区的长途旅行。几十年来,科学家们对金枪鱼做过一些记录它们长途旅行的实验。科学家在捕捉到的金枪鱼的身上标上记号,放回到大海里,来观察它们的路线。科学家们发现,有一种金枪鱼可以从美国海域一直游到日本海域,全程一共有8500千米,还有一种金枪鱼花了119天横跨7770千米宽的大西洋,每天游泳的距离超过65千米。看来,金枪鱼真的是一种有毅力、爱旅行的鱼呢。金枪鱼喜欢在海洋世界里东游游西逛逛,没有固定的场所,所以,有人把金枪鱼说成是"没有国界的鱼"。

　　在海洋里,金枪鱼还有一些"好哥们"呢。鲸和鲸鲨就是金枪鱼的"好哥们"。它们经常会一起游来游去,如果金枪鱼在海洋里碰到了敌人,就会赶紧靠到鲸或者鲸鲨身旁,借助好朋友庞大的身躯来保护自己。

　　因为金枪鱼热爱游泳,是游泳健将,再加上只在海洋深处活动,因此肉质柔嫩鲜美,是不可多得的健康美食。

24. "海洋小飞机"飞鱼

鱼竟然会飞？是不是听起来非常难以置信呢？在热带、亚热带和温带海域,常常会看见这样的场景:蓝色的海面上,忽然出现了成群的"小飞机",它们从海面上飞过,一会儿高,一会儿低,看上去很壮观。产生这种壮美景观的就是以飞行出名的飞鱼。

飞鱼的长相奇特,它们的胸鳍特别发达,好像鸟类的翅膀一样。长长的胸鳍一直延伸到尾部,整个身体像织布的"长梭"。飞鱼在海中能以每秒 10 米的速度高速运动。它能够跃出水面十几米,空中停留的最长时间是 40 多秒,滑翔的最远距离有 400 多米。蓝色的海面上,

↑ 飞鱼

飞鱼时隐时现,破浪前进的情景十分壮观,是一道亮丽的风景线。

飞鱼为什么要"飞行"?科学家认为,飞鱼的飞行,大多是为了逃避金枪鱼、剑鱼等大型鱼类的追逐,或是由于船只靠近受到了惊吓。飞鱼是生活在海洋上层的中小型鱼类,是鲨鱼、金枪鱼、剑鱼等凶猛鱼类争相捕食的对象。飞鱼在长期的生存竞争中,形成了一种十分巧妙的逃避敌害的技能,跃水飞翔,可以暂时离开有时十分危险的海域。当然,飞鱼这种特殊的"自卫"方法并不是绝对可靠的。在海上飞行的飞鱼尽管逃脱了海中之敌的袭击,但也常常会成为空中海鸟如"军舰鸟"的口中食。

飞鱼具有趋光性,夜晚若在船甲板上挂一盏灯,成群的飞鱼就会寻光而来。

在加勒比海的东段,有一个"飞鱼岛国"的地方,那便是巴巴多斯。巴巴多斯有着将近100种的飞鱼,小的只有手掌那么大,大的有两米多长,飞鱼是这个美丽岛国的象征,许多娱乐场所和旅游设施都是以"飞鱼"命名的,用飞鱼做成的菜肴则是巴巴多斯的名菜之一。

25. 会跳的弹涂鱼

弹涂鱼又叫"跳跳鱼",是一种行动敏捷,长着灯泡一样眼睛的两栖鱼类。在中国,弹涂鱼主要分布在南海和东海;在世界上主要分布在非洲西部沿海和印度洋、太平洋亚热带近岸浅水区。弹涂鱼喜欢生活在海边的红树林中和平坦的海边泥地上。

弹涂鱼身体前部是圆柱形的,身体后部扁平,它们的眼睛长在头部的前上方,两只眼睛距离很近。弹涂鱼的肌肉发达,可以从海边泥地中跳出。

↑ 弹涂鱼

连接着海洋与陆地的红树林，经常吸引着弹涂鱼前来探险。弹涂鱼离开水远行的时候会在嘴里留一口水，用来帮助它们延长在陆地上停留的时间。弹涂鱼的腹鳍已经特化成了吸盘，可以帮助它们牢固地待在一定的位置上，还可以帮助它们把身体托起来爬到树上，然后把身体往前拉，通过这种方法，弹涂鱼可以走得更远。

　　每年到了春天，弹涂鱼中的雄鱼就会寻找到合适的地盘作为自己的势力范围，然后在泥地上挖一个洞。挖好洞后，雄鱼就开始四处寻找配偶。

退潮之后，雄鱼开始在雌鱼面前跳"求偶舞"。为了引起雌鱼的注意，雄鱼会让脑袋膨胀起来，同时它还会把自己的脊背弯成拱形，把自己的尾鳍竖立起来，不断扭动自己的身体。如果这时候有另外一条雄鱼出现在自己面前，它会更加卖力地进行表演。在表演的时候，每隔一段时间弹涂鱼都会停下来，看看对方是不是已经被自己吸引。同时，这位"求婚者"还会不时钻进自己挖好的洞穴里，并且会不断地钻进钻出，好像在对雌鱼说："快来吧，快来吧，这里是你温暖的家。"真是一个爱耍花招的"小聪明"。

　　晴天的时候，弹涂鱼会从洞穴里跳出来到泥滩上寻找食物。它们喜欢吃滩涂上的一些底栖藻类、小昆虫等小型生物。在退潮时或者排干池水的池底，经常可以看见弹涂鱼正在吃底栖藻类的情形，它们用下颌接触滩涂表面，像犁田似的，头左右摇摆，爬行前进。有时候，弹涂鱼还会跳到岩石上，爬到树上去捕捉一些小昆虫改善一下伙食呢。

26."游泳冠军"大马哈鱼

大马哈鱼分布在北纬35°以北的太平洋水域,亚洲和美洲沿岸均有分布。大马哈鱼身体扁长,嘴巴和鸟的嘴巴很像,嘴巴里长着十分锋利的牙齿。

大马哈鱼"江里生,海里长"。它们出生在江河淡水中,却在太平洋的海水中长大。在海洋中生活三五年之后,大马哈鱼会回到出生地产卵。大马哈鱼具有顽强的意志,在归途中不论遇到多么凶猛的水势都能冲过去,不论遇到什么障碍都能克服,奋力前进。它们有时顾不得吃、顾不得休息,急急忙忙地赶路。它们沿江游泳的速度相当惊人,每昼夜可以游30~50千米。

⬆ 大马哈鱼

在洄游途中,大马哈鱼的体色变化很大,开始色彩非常鲜艳,背部和体侧是黄绿色,随着时间的推移逐渐变暗,呈青黑色,腹部银白色。体侧还有橘红色的斑纹,有10~12条,雌鱼的斑纹颜色较浓,雄鱼的较淡。

大马哈鱼是肉食性鱼类,它们本性凶猛,在幼鱼期以水中底栖生活的水生昆虫为食,到大海后以捕食其他鱼类为生。大马哈鱼可以长到6千克以上,它们是珍贵的经济鱼类,肉质鲜美,营养丰富,深受人们的喜爱。大马哈鱼的卵也是著名的水产品,营养价值很高。

⬇ 大马哈鱼

27. "行刺者" 海鳗

海鳗的身体细长,躯干部圆筒形,有着尖尖的脑袋、大大的嘴和扁扁的尾巴。海鳗的上颌突出,比下颌略长。海鳗主要生活的地方是非洲东部、印度洋还有西北太平洋海域。中国沿海一般也有海鳗。

海鳗是一种凶猛残暴的鱼,非常贪吃,平日里的食物主要是虾、蟹、小鱼等。海水清澈的时候,海鳗通常会躲在自己的洞穴里,一旦海上起了风浪,水被风浪搅浑之后,海鳗便会趁乱四处觅食。海鳗捕捉食物的时候速度非常快,会像闪电一样向猎物逼近,然后用前端锐利的牙齿紧紧咬住猎物,然后再吞到肚子里。

海鳗有时甚至会袭击深海里的潜水员或者其他采集海产品的人,它们会用尖锐的牙齿紧紧咬住人的胳膊或者腿,直到把人淹死。有一些种类的海鳗含有剧毒,哪怕是被它们咬伤一下,也会有生命危险。

海鳗是一种生活在海洋里的经济鱼种。海鳗肉质鲜美,经常成为餐桌上的菜肴。

↓ 海鳗

28."六亲不认"的带鱼

↑ 带鱼

带鱼又叫刀鱼，它的体型和名字一样，扁扁的像是一条宽带子。带鱼是银灰色的，背部和胸部是浅灰色，有着很细小的斑点，尾巴是黑色。带鱼的脑袋尖尖的，有一个很大的嘴巴，全身长度在1米左右。带鱼喜欢白天躲起来睡觉、夜晚出来活动。

为什么说带鱼"六亲不认"呢？那是因为带鱼虽然是一种小型鱼，但是它们的性情却非常凶猛。它们是一种肉食性鱼种，牙齿发达并且尖利，背鳍很长，胸鳍小，鳞片退化，游动时不用鳍划水，而是通过摆动身躯来向前运动，既可前进，也可以上下窜动，动作十分敏捷，经常捕食毛虾、乌贼及鱼类。带鱼食性很杂而且非常贪吃，有时会同类相残。渔民用钩钓带鱼时，经常见到这样的情景：钩上钓一条带鱼，这条带鱼的尾巴被另一条带鱼咬住，有时甚至一提一大串。据说由于带鱼的互相残杀和人类的捕捞，寿命超过4岁的老带鱼，就算是见到"寿星"了。贪吃的带鱼也有一个优点，那就是生长速度快，1岁的带鱼的平均身长18～19厘米，重90～110克，当年即可繁殖后代，2岁的带鱼已经可以重达300克左右。

带鱼的分布范围比较广泛，主要分布在西太平洋和印度洋，中国沿海也都可以见到。带鱼喜欢成群结队，每年春天回暖水温上升时，带鱼成群游向近岸。到了寒冷的冬天，水温降低，带鱼又游向水深处躲避寒冷。此外，带鱼还有垂直移动的习惯，白天的时候，它们会栖息在海洋的中、下水层休息，到了夜晚会上升到海洋的表层活动。

带鱼肉嫩体肥、味道鲜美，只有中间一条大骨，无其他细刺，食用方便，是人们比较喜欢食用的一种海洋鱼类，具有很高的营养价值。

29. 能护肤的石斑鱼

↑ 石斑鱼

石斑鱼的身上长满了各种各样的花色条纹和斑点，因此有了"石斑鱼"这个名字。石斑鱼的外貌给人留下深刻印象，身体短短胖胖，背上长着长长的尖刺，大大的脑袋上长着一双突出来的眼睛和厚厚的嘴唇。

石斑鱼喜欢在海里捕捉小鱼、小虾吃，它的牙齿很锋利，捕猎的时候凶猛迅速。石斑鱼的身体里含有一种十分珍贵的被称为抗氧化剂虾青素的物质。这种物质具有延缓器官衰老的功能，有美容护肤的作用，因此石斑鱼还有着"美容护肤之鱼"的称号。石斑鱼的肉质鲜美细腻，吃起来和鸡肉有点像，因此石斑鱼也被叫作"海鸡肉"。

野生的石斑鱼主要分布在太平洋和印度洋温暖的海域，石斑鱼的数量比较少，因此价格偏高，经常只有在高档酒店里才能见到它们的身影。在21世纪初，我国开始推广人工养殖石斑鱼的项目，目前主要分布在海南、广东、福建、山东等地。

30. 形似棒槌的鲻鱼

鲻鱼细细长长,长得有点像棒槌,因此人们又叫它"槌鱼"。鲻鱼身体的长度一般在 20～40 厘米之间,体重一般是 500～1500 克。背部还有头部都是青灰色,腹部是白色的。

鲻鱼对环境的适应能力非常强。不像其他鱼类对水域的盐度和温度都有着严苛的要求,无论是在淡水、咸水还是在盐度达到 40 的海域,鲻鱼都能快乐地生活着。水温低到 3℃,或者是高达 35℃,都不会影响它们的生活。当然,相比之下鲻鱼还是更喜欢温暖一些的地方,温带、热带海域的中上层是鲻鱼最常居住的地方。当天气变冷时,鲻鱼会游到深海中生活。中国南方沿海这种鱼非常多,而且鱼苗资源丰富,有些地方已经开始了人工养殖。

鲻鱼不挑食,海底淤泥上的附着物以及小型生物它都爱吃,海藻之类的它也不拒绝,把自己养得肥肥美美。鲻鱼的肉质鲜美细嫩,含有丰富的营养元素,卵可以做成鱼子酱,很受人们的欢迎。此外,鲻鱼还有药用价值,鲻鱼的肉可以帮助消化,还可以治疗贫血呢。

31. 游泳"健将"鲥鱼

鲥鱼在南方称为"曹白鱼",北方叫作"巨罗",由于这种鱼盛产的时候正是藤萝开花的时候,因此又有一个好听的名字叫"藤香"。鲥鱼味鲜肉细,营养价值高,蛋白质、脂肪、钙、钾、硒的含量都十分丰富。

⬆ 鲥鱼

鲥鱼的身体扁扁的,背部很窄,身体长度一般在25~40厘米,体重250~500克。鲥鱼的眼睛很大,突出来并且很明亮,全身长着银白色的、薄薄的圆鳞。鲥鱼分布于印度洋和太平洋西部,在中国主要分布在东海等海域。鲥鱼的主要食物是一些甲壳类动物和海洋里的一些小型鱼类。

鲥鱼游泳的速度非常快,对温度的反应很敏感。每逢春、夏季它们就成群结队地游到沿海河口的水域产卵。由于鲥鱼游速很快,渔民说它"小小鲥鱼无肚肠,一夜游过七片洋"。

鲥鱼是中国渔业史上最早的捕捞对象之一,去山东省胶州市三里河的"新石器时代"遗址看一看,在那里会有时空穿越的感觉,5000年前的鲥鱼骨头就在这里出土。由此可见,自古以来,鲥鱼就是人类十分喜欢吃的一种鱼类。

32. "大吉大利"加吉鱼

↑ 加吉鱼

　　加吉鱼还有一些名字,像是鲷鱼、铜盆鱼。加吉鱼分为红加吉和黑加吉两种。红加吉鱼是一种又长又扁的鱼,身体是银红色,有淡蓝色的斑点,长着大大的脑袋和小小的嘴。在中国的沿海地区,一般都有加吉鱼,但以辽宁大东沟,河北秦皇岛、山海关,山东烟台、龙口、青岛为主要产区,山海关产的加吉鱼品质最好。

　　加吉鱼这个名字，听起来是不是十分吉利喜庆呢？实际上，加吉鱼自古就是一种十分珍贵的鱼，民间常常用它来招待十分尊贵的客人。有关加吉鱼名字的由来，还有一段有趣的故事呢。传说唐太宗李世民东征，来到登州（今山东蓬莱）。一天，他渡海游览海上仙山（现今的长山岛），在海岛上品尝了长相漂亮、味道鲜美的鱼之后，便问随行的文武官员，这种鱼叫什么名字？群臣不敢胡说，于是作揖答道："皇上赐名才是。"太宗大喜，想到是择吉日渡海，品尝鲜鱼又为吉日增添光彩，为此赐名"加吉鱼"。

　　加吉鱼实行"一夫多妻"制，它们一般以一二十条组成一个大家庭，由一个雄鱼为"一家之主"，其余的都是它的妻子。如果雄鱼死了，雌鱼就会显得六神无主，慌乱不堪。但没过多久，便有一条最强壮的雌鱼变成雄鱼，充当新"丈夫"。怎么样？是不是听起来非常神奇呢？为什么加吉鱼会由雌变雄呢？原来，雄性加吉鱼身上有着鲜艳的色彩，雌性加吉鱼对这种色彩十分敏感，一旦雄性加吉鱼的色彩消失，身体最强壮的雌加吉鱼神经系统首先受到影响，随即在它的体内分泌出大量的雄性激素，使卵巢消失，精巢长成，一条雄鱼就变成了。

　　加吉鱼营养丰富，富含多种营养元素，可以为人体补充丰富蛋白质和矿物质，不管是清蒸还是红烧，都十分美味可口，很受人们欢迎。

33. 餐桌上的黄花鱼

黄花鱼简称黄鱼,是石首鱼的一种,黄花鱼分为大黄鱼和小黄鱼,浑身是金黄色的。大黄鱼的尾巴细长,身上的鳞比较小,身体长度在40~50厘米;小黄鱼的尾巴较短,鱼鳞较大,身体长度在20厘米左右。大黄鱼主要分布在黄海南部、东海和南海;小黄鱼主要分布于我国黄海、渤海、东海及朝鲜西海岸的地区。

↑ 黄花鱼

大黄鱼平时喜欢生活在深海里,每年4月份到6月份的时候会游到浅海地区产卵,到了秋冬季节再重新迁移回到深海区;小黄鱼会在每年春天游到沿岸的浅海区,3月份到6月份期间产卵,秋天结束的时候回到深海。黄花鱼喜欢吃的食物种类比较复杂,不过最主要的还是小鱼虾。

大黄鱼能发出强烈的间歇性"咯咯"、"呜呜"的叫声,声音非常大,在鱼类中很少见。这种发声一般被认为是鱼群用以联络的手段,聪明的渔民会根据这种叫声来判断大黄鱼群的大小、栖息水层和位置,以进行捕捞。

黄花鱼是餐桌上常见的一道菜,很受人欢迎。大黄鱼肉肥但肉纤维有些粗,小黄鱼肉嫩味鲜但鱼刺会有点多,可以说是各有利弊。饭馆做出来的一般是大黄鱼。据说在古时候,每年5月份黄花鱼大量上市的时候,不管是达官贵人还是贫穷人家,都会买点黄花鱼品尝。

近年来,由于捕捞强度过大,黄花鱼的数量越来越少,我国的黄花鱼资源遭受严重破坏,传统的渔场不见了,渔民也很少听到黄花鱼的叫声,黄花鱼等待着人们的保护。

↑ 鳗鲡

34. 水中"软黄金"鳗鲡

鳗鲡是鱼,长得却像长蛇一样,小小的脑袋和长长的身子。鳗鲡的身体是圆筒形的,刚出生的鳗鲡通体透明,好像柳叶一样。发育一段时间之后,鳗鲡就变成了白色透明的线状"玻璃鳗"。这个时候鳗鲡会向江河的上游游去,一般会游上几千米,鳗鲡身体的颜色也会变黑加深,成为"线鳗"。长大后,身体又会变成黄褐色。秋天到来的时候,已经膘肥体壮的鳗鲡会成群结队地游向大海产卵。鳗鲡的产卵过程听起来有些悲壮。一路上,它们日夜兼程,等到达目的地之后,身体消瘦,消化道萎缩,产卵之后因体力不支而死去。

伸出手去抓鳗鲡的话,会发现它的全身滑腻腻的。这是为什么呢?因为鳗鲡的表皮中有着很多的黏液细胞,会分泌出黏液,这些黏液可以保护鳗鲡免受细菌、寄生虫和其他微生物的侵袭,还能减少鳗鲡游泳时所受到的阻力。

世界上的鳗鲡一共有 15 种,我国只有中华鳗、花鳗和日本鳗等 6 种。

鳗鲡常在夜间捕食,食物有小鱼、蟹、虾和水生昆虫,也会吃一些动物腐败尸体,有一些鳗鲡也会吃一些高等植物的碎屑。鳗鲡的食欲随水温升高而增强,一般在春天和夏天温度高时,生长速度较快。水温低于15℃的时候,它们的食欲下降,生长速度减慢,10℃以下会停止吃食物。冬季的时候,鳗鲡会潜入泥中,进行冬眠。鳗鲡觅食一般是在晚上,这跟它喜暗怕光有关。鳗鲡能用皮肤呼吸,有时离开水,只要皮肤保持潮湿,就不会死亡。

鳗鲡的营养价值非常高,有水中"软黄金"的称号,从古到今都被看成是滋补美容的好东西。它的肉质细嫩,味道鲜美,蛋白质和脂肪含量都很高,并且具有强壮身体和滋补保健的功能,还可以治疗夜盲症和肺炎等病症。日本是世界上最大的鳗鲡消费国,日本人喜欢在冬天吃香喷喷的烤鳗饭来驱走严寒,保持精力。我国的鳗鲡养殖也非常发达,现在产量已经居于世界首位。

35. 海洋"新秀"鲐鱼

↑ 鲐鱼

　　鲐巴鱼、青花鱼,说的都是鲐鱼。纺锤形的身子,圆锥形的脑袋,大大的眼睛和大大的嘴巴,身上披着一层细小的圆鳞,背部是青黑色的,有着不规则的深蓝色斑纹,这就是鲐鱼大致的模样。大部分鲐鱼体长在 15~30 厘米,体重在 300~1000 克,最大的鲐鱼能长到 60 厘米左右,体重也会有 3000 克,这样的鲐鱼就会被叫作"巨鲐鱼"了。

　　鲐鱼平常喜欢吃一些浮游动物、小鱼、小虾等。它们是一种远洋暖水性中上层鱼类,很少到近海的浅水区活动。鲐鱼擅长游泳,分布也十分广泛,不过产量最多的地方,还是要算中国东海。鲐鱼的营养价值很高,鱼肉中的蛋白质和粗脂肪含量比很多鱼类都要高。鲐鱼虽然好吃,但是经常会出现一些吃鲐鱼中毒事件,为了防止吃鲐鱼中毒,尽量食用鲜度较好的鱼,不吃不新鲜的鱼。

　　为什么说鲐鱼是海洋捕捞的"新秀"呢?那是因为原先的"四大海产"——大黄鱼、小黄鱼、带鱼和乌贼的资源都在慢慢减少,在这样的背景下,鲐鱼就成了海洋捕捞的"新秀"了。如今,鲐鱼已经是近海主要的经济鱼种之一。尤其是东海的鲐鱼,每年的产量都在"呼呼"上升呢。

36. 呆头呆脑的鲳鱼

鲳鱼又叫平鱼、镜鱼。它的身体扁扁平平,银光闪闪,像一面镜子一样。鲳鱼不但有着薄薄的身体,还长着小小的嘴巴和细细的牙齿。在浙江台州,人们经常用"鲳鱼嘴"来形容一个人的嘴巴小巧漂亮。鲳鱼也是一道美味的食物。

↑ 鲳鱼

鲳鱼生活在近海海域的中下层,主要分布于中国、日本中部、朝鲜和印度东部沿海。鲳鱼喜欢吃一些小鱼和海里的藻类。鲳鱼刺少、肉嫩、味美,又富有高蛋白和多种微量元素,所以很受人们喜爱。人们一般认为鲳鱼越大,味道会越鲜美。

鲳鱼呆头呆脑、直来直去的特性始终改不掉。如果一大批鲳鱼遇到渔网阻挡,它们只知拼命往网眼里钻,待到渔网围拢,尽数落网。如果当时能掉头撤退,或许还可逃之夭夭。因此,在我国东海渔区,流传着谚语"鲳鱼好进勿进,鲳鱼好退勿退"来形容那些不听忠言而自取其咎的人。

37. 性情勇猛的鲅鱼

↑ 鲅鱼

鲅鱼又叫蓝点马鲛，是一种生活在浅海的鱼，它的体型扁长，看起来像一个锥子一样。鲅鱼的身体是银亮色的，背部通常会长有一些暗色的条纹或者黑蓝色的斑点，这种颜色对鲅鱼十分有利，因为在自然光线下，这种颜色和海水的颜色很接近，可以帮助鲅鱼隐蔽自己。

鲅鱼还有着十分锋利的牙齿，以帮助它们捕捉食物。鲅鱼特别喜欢吃海洋中上层的一些小鱼小虾，每年 6 月份到 10 月份，它们经常会成群结队在海洋的浅水区出没捕捉食物。鲅鱼游泳速度很快，常常会吓得海洋里的小鱼、小虾四处逃窜，鲅鱼银光闪亮的身体不时跃出海面，好像猎豹追杀猎物一般勇猛，场面十分壮观。

鲅鱼是一种可供食用的经济鱼类，在中国的渤海、东海、黄海海域里都生活着这种鱼。捕捞上来的鲅鱼被运往市场，被买回家烹饪出美味可口的菜肴，像是茄汁鲅鱼、红烧鲅鱼、鲅鱼水饺、熏鲅鱼等。鲅鱼肉质细腻，味道鲜美，很多人都喜欢吃。除此之外，鲅鱼的营养也很丰富，曾被评为"最有营养的十种海洋鱼类"。老人多吃一些鲅鱼，能让他们更有精神，还可以延缓衰老呢。在山东青岛，春鲅鱼上市时，女婿要去市场买来几条春鲅鱼送到岳父母家里表示孝心。

38. "营养师"鳕鱼

↑ 鳕鱼

鳕鱼又叫鳘鱼，它长着一副十分可爱的卡通形象：背上长着三个背鳍，大大的脑袋、大大的眼睛和大大的嘴巴，看上去可爱极了。鳕鱼有好几种，颜色也变化很大，从淡绿或淡灰到褐色或淡黑，也有的是暗淡红色到鲜红色，鳕鱼的头部和背部以及身体两侧是灰褐色的，并且长着不规则的深褐色的斑纹，腹部是灰白色的。在中国北方，鳕鱼被叫作"大头鱼"。

鳕鱼主要分布在北太平洋和北大西洋。世界上主要出产鳕鱼的国家是加拿大、冰岛、挪威及俄罗斯，日本的北海道也有鳕鱼繁殖。

鳕鱼是一种冷水性鱼类，喜欢生活在温度很低的水域里，当温度超过5℃的时候，便不见了鳕鱼的身影。南极的鳕鱼是世界上最不怕冷的鱼。这种鱼的血液中含有一种物质，功效和汽车的防冻剂相似，使它能够在南极寒冷的冰水中自由自在地生活着。

鳕鱼的肉质鲜嫩紧实，脂肪含量低，许多国家都把它当作主要的食用鱼，因此，鳕鱼是全世界每年被捕捞最多的鱼之一。鳕鱼在欧洲非常流行，从古至今，都是欧洲人特别爱吃的一种鱼，被欧洲人称为餐桌上的"营养师"。

鳕鱼平时的食物是其他鱼类和一些无脊椎动物，鳕鱼的食量很大，是一种贪吃的鱼，吃得多，长得也快。鳕鱼喜欢成群结队活动，所以很容易被捕捉。然而由于人类的过度捕捞，再加上全球气候变暖，给鳕鱼的生存环境带来影响，鳕鱼数量急剧下降，现在已经成为一种面临灭绝危险的鱼类。

39. 味美天下的鲈鱼

↑ 鲈鱼

　　鲈鱼又叫鲈鲛,生活在太平洋西部水域,中国沿海、江河入海处都有分布。鲈鱼长着长而略扁的身体,有个尖尖的不大不小的脑袋,身体的颜色是青灰色,有的是浅白色。鲈鱼的两侧和背鳍上都有黑色斑点,由于鲈鱼的每个鳃盖上都长着一条深深的褶皱,看上去好像长着四个鱼鳃一样。鲈鱼和太湖的银鱼、黄河的鲤鱼、长江的鲥鱼一起,并称为中国的"四大名鱼"。

　　鲈鱼的肉质洁白清香,很受人喜欢,是一种常见的经济鱼类,也被广泛养殖着。鲈鱼的主要产地是青岛、石岛、秦皇岛及舟山群岛海域。每年的春、秋两季是鲈鱼的渔期,每年的 10～11 月份是鲈鱼的收获季节。

　　鲈鱼性情凶猛,是一种爱吃肉的鱼类。小幼鱼喜欢成群结队,长大以后喜欢单独活动,捕食海洋里的小鱼小虾。

　　鲈鱼有很多不同的种类,目前市场上最常见的鲈鱼大多数是大口黑鲈,又叫加州鲈鱼。加州鲈鱼的原产地是美国,后来被引入到我国,如今在我国的市场上已经十分普遍,美味营养,很受人们的欢迎。清蒸出来的鲈鱼最能保持鲈鱼的营养价值,对身体也十分有好处。

40. 能发光的宽咽鱼

宽咽鱼是一种典型的深海鱼,在大西洋、太平洋和印度洋的海底,都有这种宽咽鱼,它是大洋深处样貌最奇怪的生物之一。宽咽鱼的体型较大,最长的有将近两米。它最显著的特征就是嘴大,宽咽鱼没有可以活动的上颌,而巨大的下颌松松垮垮地连在头部,从来不合嘴,当它张大嘴后,可以很轻松地吞下比自身还大的动物,由此它在西方得到"伞嘴吞噬者"的称号,而在中文中被叫作"宽咽鱼"。宽咽鱼的胃伸缩性非常大,可以撑大放下猎物。虽然宽咽鱼长着一个可以吞下大猎物的大嘴巴,其实它平时喜欢吃的食物还是一些缓慢游动的小鱼小虾等,吃大餐的时候少。

因为海洋深处非常黑暗,视觉并不重要,所以宽咽鱼的眼睛非常小。它们没有肋骨,长着一条长长的鞭状的尾巴,在海洋里的时候就得靠这条长尾巴,那些被拖网捞到海面的宽咽鱼经常会被发现尾巴被它们自己打了好几个结。和很多深海鱼一样,宽咽鱼的尾巴尖上也有着一个发光器,可以发出红光。所以宽咽鱼有时候会把自己的尾巴举在嘴巴前面当诱饵来捕捉猎物。宽咽鱼喜欢绕着圈游来游去,也许是想追逐那些追它们尾巴的猎物,或者是用它们的长尾巴把猎物缠住。

↑ 翻车鱼

41. 爱晒太阳的翻车鱼

大概是因为翻车鱼非常喜欢晒太阳，所以它还有个英文名字叫"sunfish"，也就是太阳鱼。翻车鱼是世界上最大，形状最奇特的鱼之一。它们身体的长度在 1~5 米之间，身体重量在 100~3000 千克。翻车鱼的身体又圆又扁，看上去像是一艘大船一样。但是这艘"大船"只有"舵"而没有"桨"，翻车鱼没有腹鳍和尾鳍，有一对高高耸起的背鳍。它的身体后面还拖着一条细长的天线似的尾巴，在海里翻来滚去，样子十分有趣。

翻车鱼主要生活的地方在热带、亚热带海洋，有时候温带或寒带海洋里也可以见到它们。中国沿海一般都有这种鱼。

翻车鱼行动十分笨拙，又不擅长游泳，所以在海洋里经常被其他鱼类或者是海兽吃掉，但翻车鱼并没有因此灭绝。这是因为它们具有十分强的生殖力，一条翻车鱼妈妈一次可以产出 3 亿粒卵子，是海洋中产卵数量最大的鱼，但只有 30 条左右能存活至繁殖季节。

翻车鱼还拥有令人难以置信的厚厚的皮肤，当海洋里的敌人攻击翻车鱼时，经常会咬不动它们的厚皮，就会气恼地将翻车鱼高高抛向空中，这时翻车鱼就好像飞碟一样，在海面上惊险地"飞"来"飞"去。

↑ 翻车鱼

　　翻车鱼平日里的食物以水母、浮游动物为主。翻车鱼游泳速度较缓慢，天气较好时，它们经常会浮到海面上晒太阳来提高体温。翻车鱼喜欢晒太阳有三个原因：一个是利用太阳的热度，杀死寄生虫；二是增加自己肠胃的蠕动；三是平躺在海面上，可以吸引海鸟过来，帮助自己清理身上的寄生虫。

　　翻车鱼的生活史就是一部被欺负的血泪史：幼年时因为缺乏母爱、个体太小，即便聚集成群也经常被各种掠食鱼类侵扰，金枪鱼、鲯鳅等都将它们视为美餐；成年后虽然拥有大块头，但却缺乏足够的自卫能力、逃生技巧，因此虎鲸、鲨鱼等大型海洋肉食动物也不会放过它们，海狮甚至有时会以猎杀翻车鱼取乐。

42. 活泼好动的凤尾鱼

↑ 凤尾鱼

凤尾鱼也叫孔雀鱼,既可以供人们观赏,也可供人们食用,十分名贵。凤尾鱼的体型娇小,身材扁长,尾部尖尖长长的。

凤尾鱼平时喜欢在外海生活,但是在春夏之交的时候,便会告别咸咸的海水,成群结队地游到海河河口附近。它们来干什么呢?没错,这些凤尾鱼是来这里产卵的。凤尾鱼可以算得上是"英雄母亲"。据说,一条雌性凤尾鱼的怀卵量可以达到5000~18000粒,怀卵量随着身体的增长而增加,凤尾鱼的产卵期是每年的6月到9月。

凤尾鱼肉质细腻,口感鲜美,一直是餐桌上的一道美味。无论是红烧、清蒸,还是做成罐头来吃,凤尾鱼的味道都不会让人失望。晒干之后的凤尾鱼的卵,被叫作凤尾子,味道鲜美极了,不过这种东西可不能多吃,因为凤尾子的油脂比较多,吃多了可是会闹肚子的。

凤尾鱼比较容易饲养,对水质和温度的要求都不太高,适应能力也非常强,水温在18℃以上就可以生存。凤尾鱼长得漂亮又活泼好动,在水里游来游去的样子还真是吸引人呢。

43."海中军舰"军曹鱼

↑ 军曹鱼

　　要问南海鱼世界里,哪种鱼长得像一艘小军舰,那一定是军曹鱼。军曹鱼的身体细长,身体表面的间接色纵带十分引人注目,胸鳍是淡褐色的,腹鳍和尾鳍的边缘是灰白色的。有一些军曹鱼不仅身体颜色与众不同,还有排列整齐的发光点,这些发光点看上去好像是军官服上点缀着的金属纽扣,耀眼夺目,并且数量惊人,有300多个呢。发光点的表面覆盖着一层不透光的膜,前端有着一透镜装置,聚光作用由此而产生。发光点内部的一种黏液,具有在黑暗中发光的特征。

　　军曹鱼的身体长度可以超过一米,通常有几千克重,大的军曹鱼可以达到十几千克甚至几十千克。军曹鱼主要生活在南海海域。为什么在南海呢？因为南海的海水温度最适宜军曹鱼生活,海水温度在25℃到32℃之间。

　　军曹鱼是一种爱吃肉的鱼,它们喜欢吃虾蟹类和一些小型鱼类,吃得多,吃得快,消化吸收能力强,所以养殖半年的军曹鱼就可以达到三四千克,一年就可以长到七八千克,两年就可以达到十千克以上。和金枪鱼一样,军曹鱼的肉质鲜嫩,也是制作生鱼片、烤鱼片的上好材料,而且军曹鱼肉含有丰富的微量元素,很有营养。

44. 美味可口的竹笼鱼

竹笑鱼又叫马鲭鱼、竹签鱼。它的身体长成竹笑的形状，因此就有了竹笑鱼这个名字。竹笑鱼的身体长度一般在20～40厘米、体重150～400克，竹笑鱼分布很广，太平洋、大西洋都分布着这种鱼。中国沿海，也分布着这种鱼类。

竹笑鱼喜欢在海洋的中上层生活，它的游泳速度很快，喜欢成群结队聚集在一起，并且喜欢光亮，在海洋里的时候会被有亮光的东西吸引，沿海渔民会利用竹笑鱼的这些生活习性来进行捕捞。

竹笑鱼的营养丰富，经常吃这种鱼可以起到预防高血压、脑中风等作用。此外，竹笑鱼十分美味可口，在不同的国家有不同的吃法。中国的传统吃法是把这种鱼腌制成咸鱼后进行清蒸或者油炸，有时候也加工成罐头。在日本，人们喜欢把这种鱼加工成生鱼片来吃，或者是用炉子烤熟之后切成块来吃。如果去尼日利亚，则会看到那里的人们一边喝着可可酒，一边吃着烧烤竹笑鱼，别有一番趣味。

↓ 竹笑鱼

45. 欧洲"绅士"大菱鲆

大菱鲆来自欧洲，是世界公认的优质比目鱼之一，它的身体扁平，两只眼睛都长在左边。大菱鲆的鱼鳍又宽又短，体色背面是青褐色的，有隐约可见的黑色和棕色花纹，腹部很光滑，是白色的。大菱鲆是生活在深海底层的鱼类，身体的颜色会随着环境的变化而发生改变。

↑ 大菱鲆

大菱鲆是一种很"娇贵"的鱼，这表现在它们对海水温度的要求很高。大菱鲆最高生长温度在21℃～27℃之间，最低生长温度在7℃～8℃。当然了，最适合大菱鲆生长的海水温度在14℃～17℃之间。

大菱鲆是一种爱吃肉的鱼，还是小鱼的时候，它们会吃一些小的甲壳类的食物，长成大鱼之后便会在海洋里捕食小鱼、虾等。不过，来自英国的大菱鲆性格也很"绅士"的，它们虽然爱吃肉，但性格温顺，相互争斗和残食的现象非常少见。

在欧洲，因为大菱鲆的肉质鲜嫩、口感清香，是制作鱼排和鱼片的上好原料，大有超过牛排的势头。此外，大菱鲆胶原蛋白含量高，营养丰富，对人们的身体健康也很有好处，是理想的保健和美容食品。

第三部分

海洋贝类

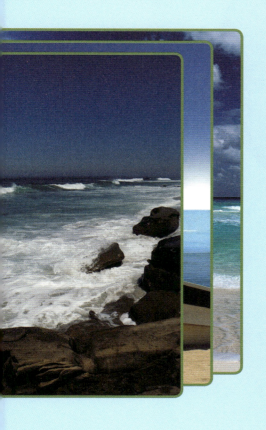

　　提到贝类，我们都不陌生。海滩上经常会见到各种各样的贝壳，这些贝壳，就是这些海洋贝类的外壳。海洋贝类全部生活在海洋中，主要在海底爬行或固着生活，它们以海藻或者其他的一些浮游生物为食。海洋贝类大多数运动十分缓慢，不具备攻击力，是海洋中的弱势群体之一，一个不小心，便会成为海洋里大型哺乳动物的美味点心，所以海洋贝类一般都有着各自的自卫高招。

　　美丽的鹦鹉螺，美味可口的鲍鱼，变色迅速的章鱼，喷涂墨汁的乌贼……海洋贝类的家族，也有着形形色色的成员，它们在海洋捕捞和水产养殖中，扮演着十分重要的角色。

46."活化石"鹦鹉螺

在温暖潮湿的亚热带和温带海域深处,栖息着一类美丽可爱的神奇动物——鹦鹉螺。鹦鹉螺的壳又薄又轻,螺旋形盘卷着,壳的表面是白色或者乳白色,生长纹从壳的脐部辐射出来,平滑细密,一般是红褐色。整个螺旋形外壳十分光滑,看上去像鹦鹉嘴一样,因此有了"鹦鹉螺"这个名称。鹦鹉螺已经在地球上经历了数亿年的演变,但外形、习性等变化很小,被称作海洋中的"活化石"。

鹦鹉螺 ⬇

鹦鹉螺是一种暖水性动物,适宜水温为 19℃~20℃,鹦鹉螺基本上属于底栖动物,一般生活在水深50~300 米的海底表层,通常在夜间活跃,白天的时候会躲在珊瑚礁浅海的岩缝中,紧紧吸附在岩石上歇息。鹦鹉螺是肉食性动物,多以底栖的小蟹、小虾等甲壳动物幼体为食。

除了迷人的外表,鹦鹉螺的精密构造也是大自然的奇迹。鹦鹉螺的壳被多个隔板分隔成 30 余个独立的壳室,除了最后一个大壳室外,其余的壳室里都充满气体(多为氮气),鹦鹉螺这种特殊的身体结构也为人类建造潜艇提供了灵感。许多国家的潜艇也以"鹦鹉螺"命名。

鹦鹉螺在远古时代几乎遍布全球,但现在已经基本绝迹了。鹦鹉螺的化石却有很多,超过 2500 种,这说明海洋曾经一度是鹦鹉螺的天下。这些存在于不同地域和不同年代的化石,为科学研究提供了十分重要的依据。

47. 昼伏夜出的东风螺

东风螺,又叫花螺、褐云玛瑙螺、南风螺,这是因为它螺旋形的外壳上长满了白色或者黄色并且带有红棕色的不规则花纹。

东风螺生活在数十米到数百米的泥沙质海底,在我国主要分布在南海地区。东风螺是海洋中为数不多的爱吃肉的贝类,它平日里喜欢吃的是一些小鱼小虾,和其他一些贝类的肉。东风螺的生命力很强,在海水中五个月不吃不喝也能健康生存。东风螺具有昼伏夜出的习性,白天它们会潜伏在泥沙中并露出水管,夜间会出来四处觅食。它们匍匐着前进,可以借助身体分泌的黏液滑行。人工养殖的东风螺经常会爬出水面依附在水池的壁沿上。

↑ 东风螺

东风螺肉质鲜美、脆嫩爽口,含有大量对人体有益的蛋白质,营养价值和鲍鱼一样高。它长得有点像田螺,吃法在广州与吃田螺也差不多,爆炒东风螺是南方一道非常有名的菜。因为东风螺的经济价值很高,被认为是 21 世纪最具有开发前景的海水养殖品种之一,已经在东南沿海为养殖者接受并逐步形成生产规模。

48.蚕豆一样的泥螺

↑ 泥螺

泥螺又叫吐铁、黄泥螺。中国沿海一般都有泥螺分布。在山东青岛到浙江舟山一带的海滩上，泥螺非常多，每年的6月到9月是泥螺繁殖的季节。泥螺大多数生活在泥沙质的滩涂上。没有大风浪、水流缓慢的海区最适合它们生长。涨潮时，泥螺随着潮水活动。退潮后，泥螺便留在了浅滩上。如果想赶海去捡泥螺，最好在晚上退潮之后拿着手电筒到沙滩上去捡，可以有个不错的收获呢。

泥螺的形状像是蚕豆一样，外壳又薄又脆，身体肥大。它的外壳不能包住全部的身体，腹足两边的边缘露在壳的外面，并且还反过来遮盖了壳的一部分。泥螺爬起来像蜗牛一样，非常缓慢。为了在海洋中保护自己，它还有一套障眼法——用脑袋掘起泥沙与身体分泌的黏液混合，将这种东西包在自己身体的表面。这样，远远看去，看到的就是一堆凸出来的泥沙，一点也认不出来这是泥螺。

泥螺爱吃的东西很杂，除了吃一些硅藻之外，还会吃一些大型藻类的碎片、无脊椎动物的卵和一些小型的甲壳类动物。当然，泥螺也是人们餐桌上的一道美味。泥螺长得大，肉也多，味道鲜美。泥螺不仅有丰富的蛋白质、钙、铁以及多种维生素，还具有很高的药用价值。在民间偏方中，泥螺还用来防治咽喉炎和肺结核等疾病呢。

49. 用脉红螺听海的声音

脉红螺又叫海螺，壳大而坚厚，是灰黄色或者褐色的，脉红螺壳的表面具有排列整齐又平的细沟，壳口宽大，壳内面光滑呈红色或灰黄色，有珍珠般的色泽，看上去很是漂亮。

⬇脉红螺

脉红螺虽然长得漂亮，却没有"洁癖"，对自己的居住环境没有太严格的要求，分布范围很广，渤海地区数量最多，大连、威海、青岛都是它们的主要产地。

脉红螺在捕食其他贝类的时候，常常会分泌出来一种酸性液体，并且用这种液体把贝壳腐蚀出一个小孔。当这些前期准备做好之后，它便会把自己又尖又细的舌头伸进贝壳里面，将其他贝类的肉体吮吸干净。

脉红螺的肉非常美味，可以和鲍鱼相媲美，因此人们常常称赞它的肉为"盘中明珠"。送给脉红螺这个称号一点都不为过，因为脉红螺的肉不仅味道鲜美，而且富含维生素和蛋白质等营养物质。

50. "海洋的耳朵"鲍鱼

鲍鱼名字叫鱼却不是鱼，实际上，它是海螺的近亲，是一种贝类。不过鲍鱼的贝壳很特别，形状椭圆而扁，像是一只大耳朵，所以鲍鱼也被称作是"海洋的耳朵"。鲍鱼只有半面壳，别看壳的外面黑不溜秋，里面却富有五彩斑斓的珍珠层，闪烁着珍珠光泽，因此有着"千里光"的美名，是制作工艺品非常好的原料。在古代，人们把鲍鱼叫九孔螺，

↑ 鲍鱼

这是因为鲍鱼壳的边缘处长着一排小孔，有的种类恰好有九个小孔，因此就有了这个名字。

鲍鱼主要分布在哪些地方呢？各大洋中，以太平洋沿岸及其部分岛礁周围分布的种类与数量最多，印度洋次之，大西洋最少，北冰洋沿岸就没有鲍鱼的分布了。

　　鲍鱼的肉体柔软肥大，腹部的肉足是它的运动器官。它常用足依附在海中的岩石上。鲍鱼喜欢在风浪大、水质清、盐度高、海藻茂盛的沿海洞穴里安家落户，在水流急、海藻丛生的海底爬行。平时鲍鱼生活在水深 10 米左右的海区，白天它会躲在家里睡大觉，到了晚上出来找食物吃，等到吃饱喝足逛够之后，才会回家。鲍鱼吃的食物主要是红藻和褐藻，最喜欢吃的是海带和马尾藻。每年的四五月份，是鲍鱼吃食物最多的时候，这个时候它们长得最肥美。每年的七八月份，是鲍鱼的繁殖期。

　　鲍鱼有着不同寻常的吸附能力，15 厘米的鲍鱼，有着 2000 牛顿的吸附力。遇到敌人的时候，鲍鱼可以迅速用宽阔有力的足紧紧吸附在岩石上，只把坚硬的壳朝向敌人，使想吃它的螃蟹、海星望壳兴叹，无可奈何。那么，人类要怎样才能捉到鲍鱼呢？有经验的捉鲍能手大多数会采用突然袭击的方法，他们瞄准有鲍鱼的石缝，用铲子飞快地铲下去，出其不意地将鲍鱼从岩石上铲下来，在它还没有反应过来的时候立即捉住，不给它们重新吸附的机会。

　　鲍鱼的肉柔软鲜嫩，味道非常好，营养价值也很高，自古以来就被人们所珍视，被尊为"海中八珍之冠"。直至现今，在大型宴会中，鲍鱼经常榜上有名，成为中国经典菜之一。

51. "伪装专家"章鱼

章鱼并不是鱼类,而是海洋里的软体动物。与众不同的是,章鱼有着八条像带子一样长的腕足,在水中悬浮着,所以渔民们又把章鱼叫"八带鱼"。

提起章鱼,它可是海洋里的"一霸"。章鱼力气大、勇猛好斗、足智多谋,很多海洋动物都害怕它。

章鱼之所以能在大海里这么威风,与它有着特殊的自卫和进攻"法宝"是分不开的。首先,章鱼那八条腕足的感觉非常灵敏,每条腕足上有着 300 多个吸盘,每个吸盘的拉力达 1000 牛顿,想想看,无论是什么动物被章鱼缠住,都是很难脱身的。有趣的是,章鱼的腕足和人类的手类似,具有高度的灵敏性,用来探索外界的动向。每当章鱼休息的时候,也总会有一两只腕足在值班,它们会不停地向四周移动着,保持高度警惕,观察着周围有没有"敌情",一旦外界有什么东西碰到了这两个"值日生",章鱼就会立刻跳起来,同时把浓黑的墨汁喷出来,以隐藏自己,趁着这个机会判断周

围的情况，准备进攻或撤退，章鱼可以连续六次往外喷射墨汁，半小时后，又能重新积蓄很多墨汁。

此外，章鱼还有着十分惊人的变色能力。它可以随时变换自己皮肤的颜色，使之和周围的环境相协调。章鱼为什么会有这种魔术般的变色本领呢？原来是因为在它的皮肤下面隐藏着许多色素细胞。章鱼在惊恐、兴奋、激动时，皮肤的颜色都会发生改变。章鱼的眼睛和脑髓指挥控制着章鱼的体色变化，如果章鱼某一边的眼睛和脑髓出了毛病，这一侧就固定成一种不变的颜色，另外一边还是可以变来变去。

所以每当在海洋里遇到对手的时候，聪明的章鱼便开始运用变色战术，一会儿红，一会儿绿，忽明忽暗，把敌人弄得眼花缭乱，筋疲力尽。这个时候，它就开始用自己的八条脚把敌人包围起来，接着喷射烟幕弹麻痹敌人，使敌人晕头转向，动弹不得，只好成为章鱼的盘中餐。章鱼可是十分爱吃肉的，海底的虾蟹都是它最爱吃的食物。

中国沿海都分布着章鱼，章鱼在海洋中的繁殖时间一般集中在春、秋两季。章鱼的肉质鲜嫩可口，脂肪含量很高，营养丰富。

52. 会"喷墨"的乌贼

　　生活在汪洋大海里的乌贼，还有一个名字叫作墨鱼，但是它并不是鱼，而是真正的贝类，是牡蛎和贻贝的近亲。不过乌贼和一般的贝类还是有区别的，这种区别在于，一般的贝类贝壳都是长在身体的外部，而乌贼没有贝壳，只有内骨骼。

　　不论是叫乌贼，还是叫墨鱼，都可以从名字上看出来，这种动物和黑墨联系在一起。喷射墨汁是乌贼逃生的绝招，当乌贼遇到意外情况，或者是遇到敌人的时候，它首先使用的战术就是喷射墨汁，在自己的周围布设墨汁烟雾。有趣的是，乌贼喷出来的黑色墨汁烟雾，和自己的体型非常相似。

这些墨汁含有毒素，可以麻痹敌人。海水被搅成一团漆黑，这些烟雾可以保持十多分钟。不论敌人多么勇猛，见到这种情况也会惊慌失措，这个时候，乌贼就可以乘机逃跑。别说，乌贼的这一招确实非常有用，正是因为它有着这个绝招，所以躲过了很多天敌的危害。

世界各大洋中，都可以见到乌贼的身影。不过容易见到它还是在热带和温带沿海的浅水中。乌贼最喜欢吃小虾，有时候也会吃一些小鱼。乌贼的游泳速度是很快的，乌贼在海

↑ 乌贼

水中的游泳速度通常在每秒 15 米以上，最大时速可以达到 150 千米。

53.鱿鱼其实不是鱼

↑ 鱿鱼

　　鱿鱼,虽然习惯上称它为"鱼",但它并不属于鱼类,而是生活在海洋中的软体动物。鱿鱼颜色灰白中带着一些淡褐色的斑点。

　　鱿鱼是一种浅海性种类,主要生活于大陆架以内,但在水深150～200米的陆架边缘也有分布。鱿鱼白天大多会在海水的中下层活动,到了夜晚会上升到中上层。鱿鱼的身体呈圆锥状,相对长度大,阻力小,加上端鳍的辅助推动作用,游泳速度很快。

　　鱿鱼是凶猛的肉食性动物,食物大多为小鱼、小虾等,有时候也会大量捕食其同类。鱿鱼是一种喜欢群聚的动物,尤其是在春夏季交配产卵的时候,通常会有两三只体型较大的雄性鱿鱼带头"聚众集会"。鱿鱼在夜间很喜欢光,容易被光亮吸引,所以沿海渔民捕捉鱿鱼的时候,经常用灯光引诱它们浮到水面上来,然后再用网迅速从后面把它们的逃走方向堵住,这样就能轻而易举地捕捉到很多鱿鱼。

　　鱿鱼富含营养成分,是一种海味珍品,味道鲜美,受到大家的喜爱。

54. 话说牡蛎

↑ 牡蛎

牡蛎又叫生蚝,俗称海蛎子。牡蛎的种类很多,全世界已经发现的超过 100 种,分布在热带和温带地区。在中国,从黄海、渤海到南沙群岛生长的牡蛎有二十多种。

牡蛎壳的形状不规则,有椭圆形、三角形、狭长形和扇形等。不同种类的牡蛎壳不一样,并且会受环境的影响发生改变。牡蛎壳的颜色也不相同,有黄褐色、青灰色、灰绿色和紫色等,有的还夹杂着彩色的花纹。

牡蛎的主要食物是海洋里的浮游生物和有机碎屑。一般水温在 25℃以下、 10℃ 以上的时候,牡蛎的食欲会比较旺盛。在繁殖期,它们的食欲会下降。在黑夜或者水温太低的时候,牡蛎会关闭自己的贝壳不吃食物。牡蛎吃食物要靠开闭贝壳,开壳和闭壳是它们一生都需要进行的运动。牡蛎的闭壳肌收缩时,壳会迅速闭合,闭合的力量相当惊人。根据科学测定,这个力量足以拖动一件比自己重几千倍的物体。

牡蛎的营养价值高,肉嫩味鲜,有"海中牛奶"的美称。牡蛎是含锌最多的天然食品之一,每天只要吃两三只牡蛎,就能满足一个人一天所需要的锌。牡蛎肉不但可以生吃、煮食,还可以加工成牡蛎干。用牡蛎加工而成的蚝油,是中外有名的高级调味品。牡蛎的壳还可以制作成贝雕工艺品。

55. 大海的"馈赠"扇贝

→ 扇贝

扇贝又叫海扇，它有两片壳，大小几乎相等，壳面一般为紫褐色、浅褐色、黄褐色、红褐色、杏黄色、灰白色等。它的贝壳很像扇面，所以就很自然地获得了扇贝这个名称。打开扇贝的贝壳，那硕大的乳白色扇贝肉会立刻呈现在人们眼前。扇贝肉甜美芳香。用扇贝的后闭壳肌做成的"干贝"，可是"八珍"之一呢！此外，扇贝的贝壳色彩多，整齐美观，有着各种各样别致的花纹，是制作贝雕工艺品的良好材料。到海边工作、旅行或休养的人们，都很喜欢搜集一些扇贝的贝壳作为送给朋友的纪念品。

扇贝广泛分布于世界各海域，扇贝的种类有四百多种，中国已经发现

的扇贝大概有 45 种,主要分布在北方沿海。扇贝喜欢生活在水流较急、盐度较高、水质清澈的海区,它们一般栖息在水深 10~30 米的海底,用足丝附着于礁石、贝壳或沙砾上。扇贝喜欢群居,经常聚在一起。在海里生活的扇贝,正常情况下,会把两壳张开,壳膜上的触手向外伸展,进行呼吸、摄食、排泄和繁殖等活动。扇贝吃食物的方法是用鳃来过滤海水中的微小浮游生物和有机碎屑。扇贝能自己选择所吃食物的大小,但无法选择所吃食物的种类,随着纤毛的摆动,大小合适的食物都会被送到扇贝的嘴里,合适的会被扇贝吸收,不合适的则会被排出体外。

　　扇贝是一种用足丝依附在浅海岩石上或者依附在沙质海底的生物,扇贝平时不大喜欢活动,但当它感到环境不适宜或者是遇到危险时,能主动把足丝脱落,做一些小范围的游动。尤其是幼小的扇贝,它们可以用贝壳迅速开合排水,游泳速度很快。

　　紫贝是扇贝的一个品种,有着迷人的光泽和变幻的色彩,因为产量少而十分珍贵。传说中紫贝壳象征着永恒的爱情,是大海赐予的美好祝福,代表着永远的幸福。

56. "天下第一鲜"蛤蜊

蛤蜊是双壳类贝类，可以吃的蛤蜊有文蛤、花蛤、圆蛤等，颜色有红有白，也有紫黄色、红紫色等。蛤蜊生活在浅海的泥沙滩中，在过去，每逢落潮的时候，沿海的渔民都会纷纷到海滩挖掘这一

↑ 蛤蜊

海味来解馋，蛤蜊肉鲜美无比，有"天下第一鲜"的美称。

蛤蜊是怎么吃食物的呢？每只蛤蜊都长着两个"吸管"，它们是长在蛤蜊嘴巴里的圆洞，水会从那里进出。水先从其中一根"吸管"进入蛤蜊的体内，然后流进蛤蜊的鳃，鳃将水中氧气吸收，并将食物留下，送进蛤蜊的嘴里，之后，水通过另一根"吸管"排出体外。这样，蛤蜊就能吃到食物了。蛤蜊的主要食物是浮游生物。

挖蛤蜊是件很有意思的事情呢。准备好一把小铲子，退潮时，仔细看沙滩上会发现一些小洞，小洞的直径一般不到三毫米。大的可就是小沙蟹和海蚯蚓的洞了。用铲子贴着小洞铲下去，翻过来就是一只蛤蜊。还有一个方法很省力，但是效率不高，纯属运气。那就是趁刚刚涨潮的时候，海浪会把沙中的蛤蜊卷上来，只要站在海水没及膝盖的地方，海浪过来，一般都能摸到一两个。但一定要记住，必须是在刚刚涨潮的时间。想一想，自己挖一些新鲜的蛤蜊回家，做上一份美味可口的蛤蜊汤，好像是感受到了大海吹来的略带咸味的海风一样。

57. "贝中美人"西施舌

有一种味极鲜美的水产动物，肉质洁白形状好像舌头一样，因此有一个美妙的名字，叫"西施舌"。西施舌是一种贝类，因为一般在浅海泥沙中出产，还有一个名字叫沙蛤。西施舌的壳大

⬆ 西施舌

而薄，好像三角形，腹足肌肉发达。

西施舌广泛分布在印度洋-太平洋水域的浅滩，中国福建长乐漳港一带是它非常著名的产地。西施舌的个头比较大，长度一般能达到 10 厘米以上。西施舌的贝壳表面平滑，具有黄褐色发亮的外皮，生长纹细密而显明。贝壳顶一般是淡紫色，腹面是黄褐色，贝壳的里面是淡紫色，十分漂亮。

西施舌的肉含有丰富的蛋白质、维生素和矿物质等营养成分，因此在海产品中名声很大。不过近几十年来，因为沿海城市工业日益发达，海水受到一定程度的污染，影响了西施舌的自然繁殖和生长，西施舌的产量较低。"物以稀为贵"，所以西施舌越来越受到重视。为了让西施舌不至灭绝，并得以大量发展，我国一些沿海城市，都在进行人工养殖并取得成功，西施舌已走上人们的餐桌。

58. 机灵的大竹蛏

有这样一种奇怪的海洋生物:壳体呈长方形,壳面光滑,壳质脆弱,两壳合抱在一起后呈现出竹筒状,它就是大竹蛏。大竹蛏的贝壳长达十几厘米,粗如大人的拇指一般。

大竹蛏四海为家,在我国的南北海域都有分布。平日里,大竹蛏生活在浅海的泥沙质海底,将自己的大部分身体埋进泥沙中。一旦感觉到有危险时,它便会迅速地把自己全部身体都收缩到泥沙中去。在泥沙中的大竹蛏,并不是舒舒服服地躺着,它会一直保持直立的形状,真的好像竹子一样。饿的时候,大竹蛏会摄食一些浮游植物和有机碎屑。

⬇ 大竹蛏

大竹蛏的食用价值很高,但要采集大竹蛏可不是一件容易的事情,需要很高的技术含量。首先,想要找到大竹蛏的住所就需要下一番功夫。一般来说,在退潮后,如果发现泥沙岸上出现了两个紧密相邻大小相等的小孔,并且在受到震动之后能够往下陷落,变成一个较大的椭圆形的孔,那么这应该就是大竹蛏的孔穴了。如何采集呢? 在不同沙质的海滩上办法是不一样的,但不管是什么方法,都一定要又快又准,看到大竹蛏的窝时,将手中一根带钩的长铁丝快速插进窝中,向上一提,就能钓出一只大竹蛏,如果动作慢了,它就会迅速溜掉的。

59."海中鸡蛋"贻贝

贻贝也叫淡菜、海红。它是一种双壳类软体动物,外壳是青黑褐色,生活在海滨岩石上,以北欧和北美的数量最多,在中国沿海也十分常见。退潮期间,在海岸岩石上常常可以见到十分密集的贻贝。贻贝最常见的品种是紫贻贝和翡翠贻贝。长着紫褐色贝壳的就是紫贻贝,有着绿色边缘贝壳的就叫翡翠贻贝。

⬇ 贻贝

贻贝是用足丝固着生活的。它们一般依附在岩石上,有的也依附在浮筒或船底上面,浮筒会因增加质量而下

沉,船只也会因增加质量和阻力而大大影响航行的速度。为了防止它们的危害,人们不得不设法在船底涂上防污漆,让它们的幼体无法附着。

和其他的双壳类动物一样,贻贝也没办法自己选择所吃的食物种类,只能被动地从身旁的水流中获得。有的能把吃进去的吸收,不能吸收的排出体外。对贻贝胃里的内含物进行检查,可以发现贻贝喜欢吃的是一些硅藻和有机碎屑,有时候也会吃一些原生动物。

为什么把贻贝叫作淡菜呢,那是因为,人们喜欢在它肥的时候煮熟去壳晒干,煮制的时候经常是不加盐的,所以就叫作淡菜。它是非常有名的海产珍品,味道鲜美,营养价值比一般的贝类和鱼虾都要高,对促进新陈代谢、保证大脑和身体活动的营养供给都有着十分积极的作用。蛋白质的含量也十分高,所以有人把贻贝称作"海中鸡蛋"。在浙江嵊泗,每年都会举办贻贝文化节,那是嵊泗岛上最大的节庆活动,在节日期间,可以品尝到各种各样的美味贻贝。

60. 贝类之王库式砗磲

库式砗磲是一种大型贝类,最大的壳长可以达到 2 米,重 300 千克,大一点的贝壳都可用来给婴儿做洗澡盆,连小一点的都可以做花盆呢。库式砗磲分布在印度尼西亚、菲律宾、澳大利亚等地。在我国的台湾、海南岛、西沙群岛及其他南海岛屿的沿海也有分布。

库式砗磲的壳又大又厚,壳面粗糙,像岩石一样。它的壳外面通常是白色或者浅黄色,里面是白色,外套膜缘呈蓝色、褐色或粉红色,很好看。在它的壳的顶部前方长着一个小孔,这个小孔里可以出来一些丝,在砗磲发育期间,这些丝从小孔中伸出来,牢固地黏在岩石上,帮助它们固定。

和其他贝类动物一样,砗磲以海水中的微小浮游生物为食,有趣的是它还与一种单细胞藻类虫黄藻相依为命。虫黄藻分布在库式砗磲外套膜表面,当库式砗磲贝壳张大时,外套膜暴露在阳光下,经过光合作用,虫黄藻生产出含有糖类的有机物质,这种有机物质可以成为库式砗磲的食物,而虫黄藻则利用砗磲的代谢物迅速繁殖起来。

库式砗磲不仅是贝类之王,而且也是贝类中的老寿星。据估计,库式砗磲长 50 厘米需要 12 年时间,每年增长约 5 厘米。它年幼时生长快,以后逐渐减慢,生命周期可达 80~100 年,甚至活到数百年。库式砗磲的闭壳肌切片晒干后称之为"蚵筋",是名贵的海产品;它的壳可雕琢成工艺品,并且它也能产生珍珠。

第四部分

海洋虾蟹

　　自古以来,海里的虾兵蟹将,就是人类十分喜爱的盘中美味。海洋里的虾蟹共有九千多种,它们和人类有着密切的关系。对虾、龙虾、梭子蟹……营养丰富,味道鲜美,都具有很高的经济价值,是水产养殖和捕捞的重点对象。了解这些海洋虾蟹的特征和生活习性,是一件十分有意义的事情。

　　海洋虾蟹的身体分为头胸部和腹部,头胸部长着十分发达的头胸甲。其中虾类的腹部比较发达,蟹类的腹部退化而藏在头胸甲的下面。海洋虾蟹用鳃呼吸,是一种卵生海洋生物。

61. 不成对的对虾

通常所说的对虾，是中国对虾，也叫中国明对虾。它主要在黄海和渤海地区分布。被叫作"对虾"并不是因为它们经常成双结对在一起，而是因为过去在北方的市场上销售这种虾的时候，经常会以"一对"为单位来计算价格，所以就有了"对虾"这个名字。

⬆ 对虾

对虾长得扁扁的，身体上长着光滑透明的甲壳，一般来说，雌性对虾的体型要比雄性对虾大。雌性对虾身体的长度一般是16~22厘米，重50～80克，最大的可以达到30厘米，重250克；雄性对虾较小，身体长度在13～18厘米，重30～50克。雌性对虾的身体呈青蓝色，雄性对虾的身体呈棕黄色。对虾全身一共有20节，腹部较长，肌肉很发达。

中国对虾是一种喜欢生活在暖水中的虾类，平时在海底爬行，有时候也在水里游动。渤海湾的对虾每年秋末冬初便开始越冬洄游，到黄海东南部的深海区过冬，第二年的春天再游回来产卵。每年的4月下旬，对虾开始产卵，6月份到7月份，幼虾开始在河口附近寻找食物成长，到了9月份，这些长大的对虾开始游向渤海中部和黄海北部，这时候便是对虾丰收的时节。

除了中国对虾之外，常见的对虾还有南美白对虾和日本对虾。南美白对虾的老家在南美洲的东部沿海，是一种优良的养殖品种，20世纪90年代的时候引入中国，现在是中国人工养殖最多的对虾品种之一。日本对虾生活在太平洋西岸，是一种重要的经济虾类，现在也已经在中国大规模养殖，经常在人们的餐桌上出现。

62. 英勇好战的龙虾

　　龙虾，也叫大虾、龙头虾、虾王等，主要分布在温暖海域，是一种很名贵的海产品。龙虾的身体长度一般在 20~40 厘米，是虾类中最大的一类，最重的能达到 5 千克以上。龙虾的身体呈粗圆柱状，它们的头部和胸部比较粗大，头盔的形状好像是龙冠，两条长长的触鞭好像古代武将头冠上的装饰，神气威风，相貌美丽。龙虾的外壳坚硬，色彩斑斓。龙虾的奇特之处有很多，比如它们可以丢下自己的肢体来迷惑捕食者，自己却快速逃跑。最奇特的是，龙虾的牙齿是长在胃里的。

　　龙虾的生活过程和许多虾蟹相似，在成长过程中，需要经过多次换壳。新换的虾壳又薄又软，叫作软壳，这些软壳经过几天才能硬化。这种换壳的行为会伴随着龙虾一生，在龙虾出生的第一年里，它们会经历 10 次换壳，以后大约每年一次直到成熟，龙虾成熟之后大概三年换一次壳。刚刚换壳后的龙虾身体柔软，是迅速长大增重的时机。龙虾每换壳一次，可以长大 15%、增重 50% 呢。

　　龙虾十分英勇好战，在饲料不足或者争夺栖息地时，龙虾之间往往会展开决斗。龙虾身体的再生能力很强，即使在争斗中身体某部位出现了损伤，也会在下一次换壳的时候长出来，几次换壳就能恢复，只不过新长出来的部分会比原先的小一点。

龙虾的游泳足已经退化，不擅长游泳，喜欢在海底爬行。龙虾经常会住在洞穴里，白天的时候也会在岩礁的缝隙里躲着，到了夜晚出去寻找食物。它们不喜欢群居，经常各自生活在各自的洞穴里。不过在秋天的时候，习惯独来独往的龙虾会成群结队进行大规模的迁移，许多龙虾经常首尾相接，排成整整齐齐的队伍，浩浩荡荡向前进。

↑ 龙虾

龙虾的价值非常高，它体内含有大量的虾青素，这种物质是一种抗氧化剂，广泛用在化妆品和药品上。此外，龙虾的营养十分丰富，味道也很鲜美，多种多样的龙虾做法很受大家喜爱。

63. 爱打架的螳螂虾

螳螂虾身体窄长，最长有 30 厘米，呈筒状，有点扁平，体重甚至达到 400 克以上。螳螂虾以蟹类、龙虾和蜗牛等带壳动物为食，反应速度和攻击速度奇快，可以瞬间用强有力的钳子打碎或刺穿猎物，被当地的渔民称为"咬脚趾的家伙"。螳螂虾一般生活在温暖的热带浅海海域中，喜欢在浅海沙底或泥沙底挖掘出一个洞穴来居住，这个洞穴多为 U 字形。

螳螂虾非常善于"打埋伏"。强烈的攻击可将敌人置于死地。有时候连披着坚硬的壳的龙虾、横行的螃蟹都会成为螳螂虾的攻击对象。螳螂虾的猛烈打击可以损伤龙虾和螃蟹的神经系统，使它们当场毙命。然后螳螂虾会用它头下带倒刺的臂飞快地刺向食物。

螳螂虾的眼睛非常厉害，可以看到十几种"原色"，是人类识别原色能力的 4 倍。同时，螳螂虾还能分辨出光波的复杂变化，这种识别光波的能力是人类所不具备的。根据科学家的研究，螳螂虾是利用身体里的一种高度敏感的细胞来辨别进入眼睛的光线的，整个可见光谱都可以被它们识别出来，真是厉害极了。

↓ 螳螂虾

64. 吉祥如意元宝蟹

元宝蟹如其名,长得像元宝一样。每只成年的元宝蟹最少也有 750 克左右,肉质鲜嫩,让人一看到就很有食欲。元宝蟹全身缩起来的时候,好像刚蒸出来的馒头一样,所以又叫馒头蟹、面包蟹。元宝蟹的蟹足非常厉害,能夹破贝壳。元宝蟹的主要食物是螺肉。

元宝蟹一般生活在布满沙砾和五颜六色的鹅卵石的海底,是南海独有的螃蟹品种,在中国它主要分布在台湾海峡和广东、福建沿海。

在秋天的时候,可以到沙滩或者岩石的石缝中捕捉到这种蟹。除去蟹肉和内脏,将元宝蟹的蟹壳清洗晒干,可以制成中药。此外,元宝蟹的肉营养丰富,很受大家喜欢。

↑ 元宝蟹

65."蟹中将军"三疣梭子蟹

在中国渤海,居住着一种个头较大的经济蟹——三疣梭子蟹。乍一听,会觉得这个名字很奇怪,为什么会叫作"三疣梭子蟹"呢?这还要从这种蟹的长相说起。三疣梭子蟹的头胸甲呈梭形,中央有 3 个疣状突起,所以人们便给这种蟹起名叫作"三疣梭子蟹"。

三疣梭子蟹身体的颜色会随生活环境的改变而发生变化。生活在海洋沙底的三疣梭子蟹,头胸甲呈浅灰绿色;生活在海草间的三疣梭子蟹,身体的颜色则较深。

⬆ 三疣梭子蟹

三疣梭子蟹爱吃的东西很多,鱼、虾、贝、藻它们都喜欢吃,有时候甚至也会吃同类和一些动物尸体。

三疣梭子蟹是中国北方海域的重要经济蟹类。它们生长迅速,养殖利润丰厚,已经成为中国北方海域重要的养殖品种。它们平时喜欢在夜里出去寻找食物,有明显的趋光性,喜欢靠近有亮光的地方。人们根据它的这一习性,可以用灯光诱捕。三疣梭子蟹一般在深海海底生活繁殖,喜欢在泥沙底部挖洞穴居住。它们对海洋水质的要求较高,要生活在盐度和水温都比较适宜的水域里。

三疣梭子蟹味鲜美,营养丰富,尤其是它们的生殖腺,可用作上等调味品。肉除鲜食外,还可制作罐头,畅销国内外。

66. 披铁甲的虾虎勇士

虾虎,又叫虾蛄,也叫作爬虾、皮皮虾、琵琶虾等。全世界约有400种,绝大多数都生活在热带和亚热带海域,也有少数生活在温带海域,中国的沿海都分布有这种海洋生物,南海的种

↑ 虾虎

类最多。雌性虾虎和雄性虾虎,有着一个有趣的区别。雌性虾虎的胸前有一个鲜明的"王"字,很容易分辨出来。

虾虎的体型扁平,壳非常硬,好像身上披了一个铁甲一样。所以吃虾虎是一件非常吃力的事情,它们的外壳好像一道坚硬的壁垒,想要吃到鲜美松软的虾虎肉,必须要攻克这道壁垒。虾虎的壳尤其是腹部的足,十分锋利,一不小心就会割伤手指。年岁稍大的虾虎,它们的外壳更不是一般人用手可以解决的,必须要用工具,像是用筷子顶开或者使用剪刀。不过沿海的一些人也有着徒手剥虾虎的技巧:双手将虾虎的首尾捉住,轻轻抖动,然后从尾巴那里用力一拉,虾虎的肉和壳就会分开。

虾虎的营养丰富,肉质松软,容易消化,对身体虚弱的人或生病之后需要调养的人来说,都是很好的食物。虾虎也是一种蛋白质含量很高的海鲜,虾虎体内蛋白质的含量是鱼类、蛋制品、奶制品的好几倍呢。每年的春天,是吃虾虎的黄金时节,这时候的虾虎肥壮肉鲜,真是美味。

67. 颜色奇特的锯缘青蟹

在中国广东、广西、福建和台湾的沿海,生活着这样的一种蟹类:它们的身体泛着青绿色,附肢也是青绿色的,所以就有了"锯缘青蟹"这个名字。它们喜欢在靠近海岸的浅海和河口等地的泥沙底面钻洞居住,也喜欢在水洼和岩石的缝隙里生活。白天的时候,锯缘青蟹躲在自己的"家"中睡

↑ 锯缘青蟹

觉,到了晚上就出来四处找食物吃。因为它们的眼睛和触角的感觉都很灵敏,便于晚上自如地活动。

锯缘青蟹最喜欢在夏天活动,当潮低水浅的时候它们大多数会偷偷躲在泥底来躲避暑热,天气实在太炎热的时候,也会看到成群结队的青蟹移动到凉爽的地方。到了冬天,青蟹的活动就少了起来,天气冷的时候,锯缘青蟹会在潮低的浅滩处挖洞穴来过冬。洞穴的大小深度随着它自己身体的大小而变化,如个头大的锯缘青蟹,会挖一个较深的洞穴。锯缘青蟹耐干能力很强,离开水之后只要鳃腔里仍保留一些水分,便可以存活数天或数十天。

锯缘青蟹爱吃的东西很杂,经常吃的食物是滩涂上的小虫,也会吃一些海洋里面的小动物,像是小杂鱼、小虾和小贝等等。甚至有时候,它们还会自相残杀,一些刚刚脱壳不久的锯缘青蟹在壳还是软软的时候,一不小心就会成为同伴的食物。

锯缘青蟹的肉味道鲜美,营养丰富,不仅有着滋补的效果,还可以强身健体。特别是雌性的蟹黄和雄性的蟹膏不仅美味,营养价值也很高。

68. 披"白纱"的中国毛虾

披着一身雪白的"纱衣",瞪着两只褐色的眼睛,这就是中国毛虾的样子。中国毛虾是一种体型娇小的虾类,身体的长度只有几厘米,全身没什么颜色,接近透明。中国毛虾有着各种各样的称呼,像是小白虾、水虾等。中国毛虾的眼睛十分灵巧,可以帮助它在浑浊的污水里分辨方向,快乐地游来游去。

中国毛虾的生命周期很短,但它们的繁殖能力很强,生长速度也非常快,所以数量相当多。平日里,中国毛虾喜欢栖息在海洋的中下层,只有在夏天的时候,它们才会从海洋下层水体浮上来。听到"中国毛虾"这个名字,应该可以知道这是一种中国特有的虾类。中国沿海几乎都有它们的分布,不过产量最多的,还是要数渤海。每年的3月到6月,还有9月到12月,是渤海中国毛虾产量最多的时候。

身体小、虾壳薄、肉质嫩,中国毛虾很适合加工成虾皮或虾酱,市场上的虾皮都是中国毛虾加工而成的。此外,外表柔弱、体型较小的中国毛虾向来是各种海水鱼、蟹的天然饵料,一些喜欢钓鱼的人常常会把中国毛虾当作饵,可以吸引来数十种中小型的海鱼。

69. 形如鹰爪的鹰爪虾

立虾、厚皮虾、沙虾、红虾、鸡爪虾,这些都是鹰爪虾的别名。鹰爪虾的腹部弯曲,好像鹰爪一样。鹰爪虾的身体长度一般在6厘米到10厘米之间,体型粗短,长着厚厚的壳。白天的时候,鹰爪虾喜欢钻进沙子中,舒舒服服地做着"白日梦",一到夜晚,它们便会慢慢从沙子中爬出来,在水里自由自在地游动着寻找食物。渔民们会利用鹰爪虾的这一特点,在夜间撒网捕捞。

鹰爪虾喜欢将自己的家园筑在近海的泥沙海底,在我国沿海海域都分布着鹰爪虾,主要分布在威海和烟台的海域。

↑ 用鹰爪虾制成的海米

鹰爪虾每年能产卵多次,对海水的温度和盐度都没有太高的要求,适应能力强。

　　鹰爪虾是一种具有较高经济价值的虾类,肉味鲜美,不管是清蒸还是油炸,不管是用来包水饺还是做汤,都十分美味可口。除此之外,鹰爪虾还可以加工成海米呢。由鹰爪虾加工而成的海米,可以说是海米中的"佼佼者",它们的颜色十分诱人,外表光滑洁净,体型前部粗圆,后面尖细还带着一个小小的弯钩,就像是一个个的"金钩",因此,用鹰爪虾加工而成的海米有着"金钩海米"的称号。尤其是山东省威海市荣成龙须岛所产的海米,更是驰名中外,有着"龙须金钩"的大名。

↑ 鹰爪虾

第五部分

海洋鸟类

　　海鸟非常美丽，好像是从天上来到人间的精灵一样，风急浪高的海面上，这些海鸟好像是往返于海面和天堂的使者一样，给海洋上航行的人们带来飓风和暴雨的消息，带领着船只走出礁石和漩涡，海鸟是人类的好朋友。海鸟的种类繁多，全球分布，生态多样。主要有两个总目，一是企鹅总目，分在这个总目的，是一些很擅长游泳和潜水，但已经不能飞翔的鸟类，如企鹅。还有一种是突胸总目，大部分海洋鸟类属于这个总目，羽翼和羽毛比较发达，善于飞翔。

70."翩翩君子"帝企鹅

帝企鹅,也叫皇帝企鹅,是企鹅家族中体型最大的种类。成年帝企鹅的身高大概一米多,体重为20~45千克。帝企鹅身披黑白分明的大"礼服",脖子底下有一片橙黄色羽毛,好像系了一个领结一样,有种"翩翩君子"的风度。帝企鹅不能飞翔,它们的翅膀已经演化成游泳的鳍肢。帝企鹅在陆地上行走时摇摇晃晃,看上去很笨拙,但在水里却十分灵活,可以飞快地游动,游泳速度为每小时6~9千米,甚至可以实现每小时高达19千米的速度。帝企鹅还很擅长潜水,它们会潜到海底深处捕捉新鲜的鱼虾。

帝企鹅主要生活于南极洲以及邻近海洋中,它们喜欢群栖,一群有几百只、几千只、上万只,最多的时候可以达到二十多万只。在南极大陆的冰架上,或在南极周围海面的海冰和浮冰上,经常可以看到成群结队的帝企鹅聚集在一起。有时,它们排着整齐的队伍,面朝一个方向齐步走,好像一支训练有素的仪仗队,在等待和欢迎远方来客;有时它们排成间隔相等的

方队,如同团体操表演的运动员,十分壮观。

帝企鹅是唯一一种在南极洲的冬季进行繁殖的企鹅。冬天的南极洲很是寒冷,所以帝企鹅的天敌也相对较少。比较奇特的是,在帝企鹅的世界中,雌性帝企鹅只负责产蛋,雄性帝企鹅负责孵卵。雌性帝企鹅在繁殖地产下蛋以后,会郑重地交给雄性帝企鹅,然后返回食物丰富的海域觅食。雄性帝企鹅这个时候会用嘴巴把蛋拨到双脚上,用垂下的腹部皮肤遮挡住。在这段时间,雄性帝企鹅弯着脖子,低着头,不吃不喝地站立六十多天,靠消耗自身脂肪来维持身体所需的能量。孵卵期间,为了避寒和挡风,多只雄性企鹅常常会并排而站,背朝来风方向形成一堵挡风的墙,相互帮助,以保证小帝企鹅的顺利出生。

小帝企鹅出生后不久,雌性帝企鹅也返回了家中。在爸爸妈妈的精心照料下,小帝企鹅不到一个月就可以独立行走了。然而,虽然有家庭和集体的双重照顾,但因为南极环境恶劣,加上一些天敌的攻击,小企鹅的存活率并不高,出生的十只小企鹅中,大概只有两三只可以健健康康活下来。

71. 鸟类"笑星"海鹦

　　有一种海鸟，它昂首挺胸，走路时迈着大大的步子，无奈腿太短，总是摇摇晃晃，显得有些笨拙。它白白的脸庞像是化了浓浓的妆，双眼透着淡淡的红色。它的嘴巴宽大鲜艳，上面交织着蓝、黄、红三种颜色，艳丽的色彩和看起来一本正经的严肃面孔，让人忍不住想到马戏团里的小丑。这种海鸟，美丽可爱又憨态可掬，被人们称为鸟类的"笑星"，它便是海鹦。

　　海鹦又叫善知鸟，海鹦靠捕食海洋鱼类为生，生存本领极强。海鹦喜欢把巢穴筑在沿海岛屿悬崖峭壁上的石缝中或洞穴里。巢穴的主要作用是供休息、睡觉和储藏食物。

　　海鹦喜欢群居，经常成群结队在一起，这种生活方式使得它们具有集体主义精神。不论是迁徙途中飞行，还是在栖息地，它们总是成群结队，统一行动。它们这样做是一种有效保护自己的方式，可以向其他动物显示它们庞大群体的威力，并标志其栖息地的范围，警告其他海鸟不得入侵它们的领地。如果有海鸥入侵，鸟群会发出一片警告声。随后便成群结队地盘旋而起，最后形成一个飞快旋转的环状队形，采用"人海战术"，使入侵者晕头转向，难以找到进攻的突破口，不得不赶紧逃跑。

72. "空中强盗"贼鸥

在南极有一种褐色的海鸟叫贼鸥,听到这个名字,就会知道它大概不是什么友善的鸟类,有人把它称为"空中强盗"。尽管贼鸥的长相并不十分难看,褐色洁净的羽毛,黑得发亮的粗嘴喙,圆圆的眼睛,目光炯炯有神,但因为它们经常"偷盗抢劫",所以并不招其他生物喜欢。

贼鸥是企鹅的大敌。在企鹅的繁殖季节,贼鸥经常出其不意地袭击企鹅的栖息地,叼食企鹅的蛋和雏企鹅,闹得鸟飞蛋打,四邻不安。贼鸥好吃懒做,不劳而获,它从来不自己垒窝筑巢,而是采取霸道手段,抢占其他海鸟的巢窝。有时,甚至穷凶极恶地从其他海鸟口中抢夺食物。一旦填饱肚皮,就蹲伏不动,消磨时光。

懒惰成性的贼鸥,对食物的选择并不十分严格,不管什么好的食物、坏的食物，只要能填饱肚子就可以了。除了鱼、虾等海洋生物外，鸟蛋、幼鸟、海豹的尸体，甚至是鸟兽的粪便都可以成为它的美餐。南极考察队员丢在垃圾堆的剩余饭菜也可以成为它的美味佳肴。贼鸥在饥饿的时候，甚至会偷偷钻进考察站的食品库，像老鼠一样，东翻西找，吃饱喝足，临走时再捞上一把。所以，贼鸥经常会给科学考察者带来很大的麻烦。在野外考察时，如果不加提防，随身所带的野餐食品，会被贼鸥叼走，碰到这种情况，人们只能望空而叹。当人们不知不觉走近它的巢地时，它便不顾一切地袭来，叽叽喳喳地在头顶上乱飞，甚至向人们俯冲，有时还向人们头上拉屎，大有赶走考察队员、摧毁科学考察站之势。

⬇ 贼鸥

不过，虽然贼鸥经常偷吃东西，给科研人员带来麻烦，但它们的存在也为科研人员枯燥的生活增添了很多乐趣。南极冬季到来的时候，十分寒冷，有一些在这里过冬的贼鸥没有巢居住，没有食物吃，也不远飞，就懒洋洋地待在考察站附近，靠吃站上的垃圾过活，不知不觉中担任起了科研站"义务清洁工"的工作。

贼鸥繁殖期主要栖息在靠近海岸的苔原河流与湖泊地带，非繁殖期主要栖息于开阔的海洋和近海岸洋面上。南极贼鸥是地球上在最南纬度可发现的鸟类，在南极点上曾有它们出现的记录。

73."人类海上之友"海鸥

海鸥是人类熟悉的海鸟,它对环境有很强的适应能力。海鸥是候鸟,分布在欧洲、亚洲至北美洲西部,迁徙时中国东北各省都能看到它们的身影。海鸥的种类很多,有五十多种,其中有一半以上在北半球繁殖。各种海鸥觅食的习惯不同,个头较大的海鸥一般在广阔海洋的巨浪中觅食,身型中等海鸥喜欢在海湾和河口区觅食,较小的海鸥只在浅水区吃一些小鱼、小虾,还有一些在陆地上生活的海鸥,它们除了吃一些海鲜之外,还会吃池塘和湖泊表面的昆虫和谷物。

⬇ 海鸥

海鸥的体型中等,身体长度在38~44厘米,翅膀展开之后能达到一百多厘米,正常情况下海鸥的生命是24年左右。海鸥身姿健美,惹人喜爱,其身体下部的羽毛就像雪一样洁白。

海鸥一般会在每年夏季生育一次,每对海鸥通常终生为伴。它们会用海藻或者其他植物来搭建巢穴,这些巢穴经常搭建在一些悬崖峭壁的边缘,也有少数会搭建在树丛中。每只雌性海鸥一般会产卵两三枚,海鸥爸爸和海鸥妈妈一起孵化。一个月之后小海鸥就会从壳里爬出来,双亲认真细致地喂养照顾,一个月左右小海鸥就可以自己觅食了。

海鸥是人类的朋友。住在海边的人都知道:有海鸥就有鱼。海鸥是海洋捕捞的"探鱼器"。海鸥喜欢吃鱼虾,经常成群在有小鱼小虾的海面上空盘旋,渔民们一看到一大群海鸥落到水面时立即下网捕捞,准能获得大丰收。此外,海鸥还可以预报天气。富有经验的船员都知道,海鸥如果聚集在浅滩或者岩石周围一起鸣叫,一定是暴风雨就要来了。海鸥如果在飞行的过程中频频接触水面,未来的天气一定是晴朗的。所以有这样的说法:"海鸥沙上走,水手就发愁。海鸥水上落,晴天就来到。"海鸥可以识别风雨,是因为它的骨骼是空羽管的形状,并且充满空气,很像一个气压表,能灵敏地感觉到天气的变化。

　　船只在海洋上航行的时候,经常会有海鸥在旁边陪伴,有时候这些海鸥飞累了,还会到船上来"做客",人们和海鸥在海洋上和平共处,人爱鸟,鸟知情,海鸥是船员和水兵的忠实朋友。

74. "飞鸟之王"信天翁

信天翁是南极地区最大的飞鸟,也是"飞鸟之王"。它身披洁白羽毛,尾端和翼尖带有黑色斑纹,躯体呈流线型,展翅飞翔时,翅端间距可达三四米。号称飞翔冠军的信天翁,日行千里,习以为常,一连飞上几天几夜,也不会疲倦。信天翁还是空中滑翔的能手,它可以连续几小时不扇动翅膀,凭借气流的作用,一个劲地滑翔,显得十分自在。

信天翁被航海家誉为吉祥之鸟和导航之鸟。当船只航行在咆哮的海洋上时,通常可以看到许多信天翁不辞劳苦,飞奔而至,盘旋翱翔,给船只领航。中国科学家在前往南极洲的途中,就遇见过信天翁,起初人们误认为它们是为了捕食船只击伤的鱼虾。后来发现,它并不尾随在船尾,也没有任何捕食的行为,而是一个劲地盘旋翱翔,时而高,时而低,时而远,时而近……船员们说这是信天翁在"导航",低空盘旋意味着前面有冰山或浮冰群,勇往直前的高飞则暗示着前面是开阔的海洋。但是,一些鸟类学家却不同意这种说法,他们认为导航是假,好奇是真。信天翁从来没有或很少见到过人和船,只是出于一种好奇和本能,不断地追逐船只。

信天翁的食性范围很广,经过对信天翁胃内成分的详细分析,发现鱼、乌贼、甲壳类构成了信天翁最主要的食物来源。

信天翁求爱时,嘴里不停地唱着"咕咕"的歌声,同时非常有绅士风度地向"心上人"不停地弯腰鞠躬。尤其喜欢把嘴巴伸向空中,以便向它们的爱侣展示其优美的曲线。

75. "能工巧匠"金丝燕

金丝燕生活在印度和东南亚国家的热带沿海地区,它体长十多厘米,暗褐色的羽毛之间会闪现出金丝,首尾犹如燕形,因此有了"金丝燕"这个名字。金丝燕长着一双坚强有力的翅膀,每天辛勤地沿着大陆海岸和岛屿往来飞翔,一边飞翔一边用宽阔的嘴巴捕捉昆虫。金丝燕通常上百只居住在一起,会把家安在海岸或者海岛旁边峭壁上深暗的洞穴中。

虽然金丝燕的名字中有一个"燕"字,可是它们与常见的家燕却不是同族。它们之间的差别可大了,家燕是一种秋去春来的候鸟,金丝燕则是终年定居在一个地方的留鸟。不过金丝燕和家燕一样,也要筑窝来孵化燕宝宝。金丝燕的咽喉部有着非常发达的舌下腺,能分泌出很多有黏胶性的唾液,这是它们筑窝必不可少的材料。金丝燕把唾液从嘴里一口一口分泌出来,积少成多,在山洞潮湿的空气里,这些唾液就会自然而然地凝结起来,经二三十天,一个洁白晶莹的小窝便被金丝燕这个能工巧匠完成了。小窝的形状像碗碟,直径六七厘米,深度三四厘米,这也就是被称为东方珍品的燕窝。初次筑成的燕窝营养价值极高,是燕窝中的上品。如果第一次筑的窝被人采去,金丝燕就要第二次筑窝,这一次的唾液没有第一次那么多,金丝燕只好把自己身体上的绒毛啄下来,和着唾液一起黏结筑成,这种窝叫乌窝,质量不如第一次的。

用唾液点点滴滴集聚起来筑窝,这对金丝燕来说,真是呕心沥血,不辞辛劳。这种情况在世界上八千多种鸟类中,还是独一无二的呢。

76. "飞行专家"军舰鸟

军舰鸟有一双长而尖的翅膀，极善飞翔。当它两翼展开时，两个翼尖间的距离可达二三米。军舰鸟喜欢终日在大海上空盘旋飞翔，凭借上升气流调整翅膀的形状和角度，在大洋上空不分昼夜地飞跃几千千米，不需要降落休息。军舰鸟飞行的时候利用上升

气流像攀登旋梯一样，螺旋形上升，然后转化为平缓的滑翔，直到达到又一个上升气流，再重新攀登起来。

它们能在高空翻转盘旋，也能飞速地直线俯冲，高超的飞行本领着实令人惊叹。军舰鸟正是凭借这身绝技，在空中袭击那些叼着食物的其他海鸟。它们常凶猛地冲向目标，使被攻击者吓得惊慌失措，丢下口中的食物仓皇而逃。这时，军舰鸟马上急冲而下，凌空叼住正在下落的食物，并马上吞吃下去。由于这种海鸟的掠夺习性，早期的博物学家就给它起名为 frigate bird。这里，frigate 是中世纪时海盗们使用的一种架有大炮的帆船。在现代英语中，frigate 是护卫舰的意思。后来，人们干脆简称它们为 man-of-war，意思是军舰。军舰鸟的名字也就这样叫开了。

军舰鸟遍布于全球的热带和亚热带海滨和岛屿。在中国，在南海的西沙群岛等岛屿有这种鸟。

军舰鸟一般栖息在海岸边树林中，主要以鱼、软体动物和水母为生。它白天常在海面上巡飞遨游，窥伺水中食物。一旦发现海面有鱼出现，就迅速从天而降，准确无误地抓获水中的猎物。军舰鸟的羽毛没有油，不能沾水，否则就会淹死，因此它们只能是少量捕一些靠近水面的鱼，大部分是凭着高超的飞行技能，从空中截夺其他海鸟捕捉的食物。

77. "吉祥之鸟"扁嘴海雀

在渤海海域,有一种"四不像"鸟:嘴巴像麻雀,体型像企鹅,脚蹼像鸭子,幼鸟身上的羽毛如同幼鸡,这种鸟,便是扁嘴海雀。扁嘴海雀别名叫短嘴海鸠,又叫古海鸟。扁嘴海雀平时栖息于海洋,只有繁殖时期才回到岸边的岛屿或陆地。

扁嘴海雀经常单只或成小群活动,它们善于游泳和潜水,一般能潜入水深 10 米以上。它们主要以海洋无脊椎动物和小鱼为食物,通过在水面游泳捕食,也通过潜水捕食。

扁嘴海雀很爱干净,在需要下潜的时候,它会选择一片干净的海域,或者提前用海水把自己清理干净。奇特的是,扁嘴海雀睡觉的时候,不像其他海鸟把头插在翅膀里,而是把头深深地埋在腹部。更有趣的是,扁嘴海雀是一夫一妻制,一旦结为夫妻,终身相依为命。若是一方不幸死去,另一方则"苦度余生"。由于它美丽端庄,严守贞洁,深受当地渔民的喜爱,都把它视为吉祥之鸟。

78. 善于合作的海鸬鹚

海鸬鹚是一种体型较大的海鸟，它们身长一般在 70 厘米左右，全身披着黑色的羽毛，连脚都是黑色的。海鸬鹚头、颈部的黑色羽毛上隐隐泛着紫光，其他部分的黑色羽毛上泛着绿光。

海鸬鹚具有很强的飞翔能力，在地面上行走时则显得比较笨拙，这是因为海鸬鹚的两只脚虽然看上去强健有力，实际上却有点中看不中用，使得海鸬鹚的行走能力差强人意，有时候它们还要用坚硬的尾羽帮助支撑着身体呢。但海鸬鹚的潜水、捕鱼能力非常强，在水中活动十分灵活。对它们来说，潜入水下 1～3 米（最深可达 10 米），追踪鱼群 30～45 秒钟（最长达 70 秒）是轻而易举的事情。

海鸬鹚主要生活在温带海洋中的近陆岛屿和沿海地带，河口和海湾有时候也可以看到它们的身影。它们经常会成群停在露出海面的岩礁上。海鸬鹚主要吃一些鱼、虾，偶尔想换换口味，也会吃少量的海带、紫菜等。

海鸬鹚是一种非常善于合作的水鸟，常常聚集成群围捕湖中的鱼类，协作得非常好。据说当遇到大鱼时，一只海鸬鹚无力制服时，它会一边搏斗，一边呼唤同伴前来帮忙。附近的海鸬鹚听到求救声后便会立刻赶来，一起向大鱼发动攻击。在水中觅食时,海鸬鹚也表现得非常合作:据说它会与鹈鹕一起合作捕猎,在水面上排成半个圆圈,由鹈鹕在水面上用双翅拍击,驱赶鱼群,海鸬鹚则潜入水中打围,彼此都能捕获到充足的食物。休息的时候,如果受到干扰,海鸬鹚也会迅速飞起,并将胃内没有消化的鱼骨、鱼鳞等食物用一个黏液囊反吐出来,留给成群的海鸥食用,对于自己来说,则减轻了体重,加快了飞行速度,利于迅速逃避敌害。

海鸬鹚喂养幼鸟的方式很特别,为了使幼鸟能更好地消化,每次海鸬鹚寻找食物回来,都会尽可能长时间张大嘴巴,让幼鸟把嘴巴伸到自己的食道中,去吃那些半消化的食物。看来,爱的表达方式还真是无奇不有。

过去在中国沿海,海鸬鹚是一种非常常见的鸟类。但由于人类的干扰、环境条件的恶化,目前它们的数量已经大大减少了,它们已经被列为国家二级保护动物。

➡ 海鸬鹚

79. "导航鸟"红脚鲣鸟

西沙群岛如珍珠般洒落在南海中。其中，被誉为"鸟岛"的东岛生机盎然，在这个面积为 1.55 平方千米的岛上栖息着白鹭、燕子，还有野牛、野猫等多种生物，但只有红脚鲣鸟才是这里最主要的"居民"。

红脚鲣鸟是一种大型海鸟，体长为 68~75 厘米。体色既清新典雅，又鲜艳夺目。它们身体的羽毛洁白，只有一小部分的羽毛为黑色。头部和颈部有黄色的光泽，头顶上缀有少许红色。它们长着尖尖的嘴巴，嘴巴的颜色是淡蓝色。此外，它们还有一对狭窄的翅膀，非常适合在海面上掠水凌空。一双红色的脚上，具有发达的脚蹼，又使它在水中畅游时得心应手。

红脚鲣鸟是典型的热带海洋鸟类，飞翔能力极强，也善于游泳和潜水，在陆地上行走也很有力。在夜间，它有较强的趋光性，所以有时会被灯光引诱到轮船的甲板上或者岛上居民的院子里。每天清晨便飞到海上觅食，

傍晚再飞回栖息地，很
有规律，渔民不仅可
以根据它飞行的方向
和集群的场所来
寻找鱼群的位
置，还能在海上
迷失航向时，沿
着它飞行的路线来
确定返航的方向，所以它又被称为"导航
鸟"。

红脚鲣鸟

红脚鲣鸟平时主要吃的食物是鱼类，有时
候也会吃一些乌贼和甲壳类等。它们的喉部疏松，
长得好像一个小囊袋一样，所以可以吞食体型很大的
鱼，并能长时间地贮存。红脚鲣鸟生活的地方经常会刮台风，
每当台风袭来，它们便无法再到海上去觅食，这段时间就主要依靠喉囊中
贮存的食物来维持生活，有时还会被迫来到房屋附近躲避狂风的吹袭。红
脚鲣鸟辛辛苦苦捕捉到的食物，常常遭到军舰鸟等掠夺性鸟类的突然袭
击，被迫放弃自己的猎获物，以至于形成了受惊之后便将喉部贮存的食物
吐出来的习惯。由于获得食物不易，所以红脚鲣鸟忍耐饥饿的本领很强，
半个月左右可以不进食。

世世代代生活在东岛的红脚鲣鸟，给这个岛屿"赠送"了额外的"礼
物"，那就是鸟粪，这些鸟为东岛贡献了大量鸟粪，有一两米厚。这些鸟粪
大有用武之地，含有较多水分，有机物的含量也很高，经过简单处理之后，
便是一种优质的有机肥料。

80. "海上大熊猫"黑脸琵鹭

黑脸琵鹭是一种体型中等的鸟类,只在亚洲东部生活。它们全身羽毛大体为白色,脸上有很多黑色的部位,形成鲜明的"黑脸",所以有了这个名字。黑脸琵鹭一般栖息于内陆湖泊、水塘、河口、芦苇沼泽、水稻田以及沿海岛屿和海滨沼泽地带等湿地环境。它们喜欢群居,更多的时候是与大白鹭、小白鹭、苍鹭、白琵鹭、白鹮等混杂在一起。它们的性情比较安静,常常悠闲地在海边觅食散步。

⬆ 黑脸琵鹭

黑脸琵鹭长着尖尖的长嘴巴,觅食的时候它们会把长长的嘴巴插进水中,半张着嘴,在浅水中一边涉水前进一边左右晃动头部,依靠触觉摄食水底层的鱼、虾、蟹、软体动物和水生植物等。

黑脸琵鹭飞行时姿态优美而平缓,颈部和腿部伸直,有节奏地缓慢拍打着翅膀。它们的性情温顺,不太好斗,从不主动攻击其他鸟类。

黑脸琵鹭种群数量稀少,是全球最濒危的鸟类之一,它已成为仅次于朱鹮的第二种最濒危的水禽,需要人们的保护。

第六部分

其他海洋生物

　　海洋中的爬行动物、腔肠动物、海洋植物和海洋细菌。它们从不同侧面彰显着海洋的神秘莫测和生物种类的多样，更有一些"活化石"一般的海洋生物，身上留存着关于地球远古的记忆。

　　生活在海中的蛇，四肢好像船桨一样的龟，颜色多彩的水母，构成了大海中的森林的海带，还有海洋中体型最小、数量最多、生物量最为庞大的海洋微藻和海洋细菌，它们和前面提到的海洋哺乳动物、海洋鱼类、海洋贝类、海洋虾蟹、海洋鸟类一起，组成了海洋里的生物乐园。

81. 有剧毒的海蛇

陆地上生活着各种各样的蛇,同样,在海洋里,也生活着海蛇,有些蛇具有可怕的毒液,而且毒性比陆地上的蛇要强很多,因此海蛇被称为"海中毒牙"。

海蛇的身体长度一般在 1.5 米~2 米之间,身体躯干是细长的圆柱形,后端和尾端扁平。海蛇长着一个侧扁的尾巴,是为了帮助它在海洋里游泳时,像船橹那样左右划水前进。海蛇有着不同的颜色,有黄色、橄榄色、黑色等等。海蛇的身体表面包裹着鳞片,它的皮很厚,可以防止海水渗入进去,也可以防止体液的流失。

海蛇喜欢在大陆架和海岛周围的浅水中栖息,在水深超过 100 米的开阔海域中很少见。它们有的喜欢待在沙底或泥底的浑水中,有些则喜欢在珊瑚礁周围的清水里活动。海蛇潜水的深度不等,有的深些,有的浅些。曾有人在四五十米水深处见到过海蛇。浅水海蛇的潜水时间一般不超过

30分钟,在水面上停留的时间也很短,每次只是露出头来,很快吸上一口气就又潜入水中了。深水海蛇在水面逗留的时间较长,特别是在傍晚和夜间更是不舍得离开水面了。它们潜水的时间可长达2～3个小时。

海蛇喜欢聚集在一起,常常成千上万条集聚在一起顺流漂游,特别是在海蛇的繁殖季节,常有成群的雌、雄海蛇聚集在一起,相互追逐,随波逐浪不断前进。

海蛇吃什么呢?海蛇爱吃的东西与它们的体型有关。有的海蛇身体又粗又大,脖子却又细又长,头也小得出奇,这样的海蛇几乎全是以掘穴鳗鱼为食。有的海蛇以鱼卵为食,这类海蛇的牙齿又小又少,毒牙和毒腺也不大。

海蛇咬人没有疼痛的感觉,被海蛇咬伤之后,不同的蛇毒作用时间不同,但起初都没有明显的中毒症状,容易使人麻痹大意。实际上,海蛇毒被人体吸收得非常快,被海蛇咬伤的人,会在几个小时或几天之内死亡。不过海蛇一般不会主动攻击人类,只有在受到骚扰时才会伤人。

82. "龟中之王"棱皮龟

还记得《西游记》中那个托着唐僧师徒四人渡过通天河的大龟吗？它的原型很可能就是棱皮龟呢。棱皮龟是地球上较大的龟，又叫革龟。棱皮龟身体长度可以达到 3 米，龟壳长度超过 2 米，体重可以达到 800～900 千克。

棱皮龟有非常强的划水能力，在它的背上坐上两三个人，照样可以轻松自在地游来游去。棱皮龟之所以能够持久而迅速地在海洋中畅游，要归功于它好似船桨一样的四肢。棱皮龟的水性好，能四海为家，这与它是一种温血动物有关，这让棱皮龟能从温暖的热带海洋区漫游到寒冷的阿拉斯加和大不列颠群岛等海域，每小时可以游泳超过 14 千米以上。另外，棱皮龟还有着潜水的本事，可以在水下停留一昼夜甚至更长的时间，它的下潜深度也很让人吃惊，竟然可以下潜到水下 1000 多米的地方。

棱皮龟这么重，得吃多少东西呢？它可一点都不挑食，荤素都喜欢吃，鱼、虾、蟹、乌贼、海星、海藻、海参等都吃，甚至连有毒的水母它也不放过。有趣的是，棱皮龟的嘴里没有牙齿，那它是怎样吃东西的呢？原来它的食道内壁上有着又大又尖锐的角质皮刺，棱皮龟的牙齿长在食道中，来磨碎食物，然后这些食物再进入肠胃，进行消化和吸收。不过棱皮龟的视力不好，因此，它们常常把海面漂浮的塑料袋或者其他垃圾当作水母吃下去，塑料垃圾一旦进入棱皮龟体内，便卡在那如钟乳石般的牙齿中造成肠道阻塞，结果使大量的棱皮龟死于人类制造的白色垃圾。据科学家统计，超过 40% 的棱皮龟或多或少都有着误食塑料袋的情况。

棱皮龟的龟肉脂肪含量很多，可以用来炼油，棱皮龟的卵也可以食用，是很好的滋补品。然而棱皮龟目前的生存正在受到威胁，美国一所大学发表的海龟调查报告表明，在今后的 20 年里，棱皮龟有可能灭绝。棱皮龟在我国已经被列为国家二级重点保护野生动物，所以人类要保护好棱皮龟，不要为了一时利益，伤害这个海中的"龟大王"。

83. 美丽的玳瑁

在海龟类动物中,玳瑁可是一个"美人儿"。它长着十分漂亮的龟甲,这块龟甲由十三块棕红色或是棕褐色的角板镶嵌而成,有光泽,并且点缀着浅黄色的小花纹儿,质地坚韧,晶莹剔透。虽然它看上去美丽,实际上却很凶猛。它的体型较大,背甲长度65～85厘米,体重45～75千克。

↑ 玳瑁

玳瑁是一种凶猛的肉食性动物,经常出没于珊瑚礁海域,主要捕食鱼类、虾、蟹和软体动物,也吃海藻。它的活动能力较强,游泳速度较快。玳瑁喜欢在珊瑚礁、大陆架或是长满褐藻的浅滩中觅食。虽然玳瑁是杂食性动物,但最主要的食物还是海绵。海绵是一种生活在海洋里的较低等的多细胞动物。玳瑁对于它们捕捉的猎物有很强的适应力和抵抗力,一些海绵对于其他生物体来说是剧毒且往往是致命的,但玳瑁却可以将它们消化。

玳瑁有异常坚实的龟甲,它们没有什么主要天敌,很少有动物能咬穿它们的壳。玳瑁经常觅食海绵,身上会带有某些海绵难闻的味道,由于玳瑁会经常吃下去一些有毒的海绵和刺胞动物,所以它们的肉中含有一定的毒性,可以使某些天敌或人类望而却步。玳瑁的性情较为凶猛,捕捉时它们会有咬人的举动,不过,如果没有受到伤害,它们是不会主动攻击人类的。

到了繁殖的季节,玳瑁会上岸产卵,不过在岸上"走路"的时候,可不像在海里那么自如。玳瑁在岸上爬行的时候,左前足和右前足同时行动,

留在沙滩上的足迹是不对称的。不但"走路"另类,玳瑁的产卵也和其他海龟不一样,大多数海龟夜里爬到沙滩上产卵,玳瑁则是白天上岸产卵。

　　人们长期以来认为玳瑁等没有灭绝的威胁,因为它们寿命很长,生长缓慢,生殖期长,成熟晚,繁殖率也较高,而且玳瑁种群中年龄层次多,短期内的数量锐减不易被发现。实际上,玳瑁的繁殖率虽然高,但与大多数海龟一样,小玳瑁的成活率相当低。很多成年玳瑁被人类有意或无意杀死,它们的巢穴也被人类和动物侵占。小型哺乳动物会袭击它们的巢穴,把蛋挖出吃掉。所以,现在玳瑁的数量也在锐减,需要人们的保护。

84. "活化石" 文昌鱼

文昌鱼，又叫扁担鱼，是世界海洋珍稀动物之一，属于国家二级保护动物。文昌鱼的身体只有 3～5 厘米，两头尖尖，因此还有一个名字叫作"双尖鱼"。它们体型细长扁平，活像一根小扁担，身体半透明，有光泽，可以看到一条条平行排列着的肌节。

文昌鱼体形像鱼，其实严格来说，它不是鱼。18 世纪时人们第一次发现它，由于它身体柔软，加上不善活动，被认为是软体动物。但它既不是无脊椎动物，也不是脊椎动物。文昌鱼没有脊椎骨，只有一条贯穿全身的脊索。更奇特的是，文昌鱼没有脑袋也没有心脏，血液中没有血细胞。所以，从解剖学上看，文昌鱼是介于无脊椎动物和脊椎动物之间的过渡类型。

文昌鱼只有一个眼点，怕强光。它没有胸鳍和背鳍，没法在水中让身体平衡，所以活动的时候很像是泥鳅，不断扫动着自己的身体和尾巴，向前"弹动"着。

⬇ 文昌鱼

　　弱小的文昌鱼虽然没有什么自我保护的能力,但有着惊人的钻沙本领。它们喜欢生活在夹有少量贝壳的粗沙之中,因为这里便于它们钻洞和呼吸。平时,文昌鱼总是把身体后端插入沙中,仅仅露出前端的触须呼吸和觅食。白天半截身体躲在沙砾之中,在阳光之下摇摇摆摆,依赖水流带来的浮游生物供它觅食。到了夜间才是它活跃的时刻,这时它离开沙窝,如同离弦的羽箭弹射到水面活动,一旦遇到惊扰,又游回沙滩窝内。

　　文昌鱼遍及热带和温带的浅海海域,其中以北纬48°至南纬40°之间的沿海地区数量较多。在中国,文昌鱼分布于厦门浏五店、南海北部湾、烟台以及青岛沙子口、黄岛、太平角等地的沿海。文昌鱼对海水的要求很高,它们要生活在海水透明度高、水质洁净、盐度和酸碱度都比较合适的海洋里。因为文昌鱼喜欢钻来钻去,所以海洋的底质必须要是松松软软的。

　　文昌鱼虽然是不起眼的小动物,但它是从无脊椎动物进化到脊椎动物的中间过渡的动物,也是脊椎动物祖先的模型,因此受到国内外生物学家的高度重视,有着"活化石"的称呼呢。

85. 最古老的甲壳动物鲎

鲎是一种十分古老的动物。在远古时期，当时恐龙尚未崛起，原始鱼类刚刚问世，鲎就已经出现了。随着时间的推移，

↑ 鲎

与它同时代的动物或者进化，或者灭绝，而唯独鲎从4亿多年前问世至今仍保留其原始而古老的相貌，所以鲎有"活化石"之称。

鲎长相奇特，形状好像螃蟹，全身青褐色或者暗褐色，身上披着厚厚的硬质甲壳，它的身体由头胸部、腹部和尾部三部分组成。鲎有四只眼睛，头胸甲前端有两只小眼睛，小眼睛对紫外光最敏感；在鲎的头胸甲两侧有一对大复眼，能使物体的图像更加清晰。

鲎喜欢埋在沙子里，它用胸甲锐利的后缘插入泥沙，将身体慢慢埋进去，有时只露出尾巴在外。鲎有5对粗壮发达的步足，用来爬行与挖掘、寻找底栖的食物。鲎的食性很杂，会吃一些薄壳的贝类、海葵，甚至动物的尸体等。

鲎，对"爱情"却很专一，每当春夏季鲎的繁殖季节，雌雄一旦结为夫妻，便形影不离，肥大的雌鲎常驮着瘦小的雄鲎蹒跚而行。此时捉鲎，提起来便是一对，所以鲎有着"海底鸳鸯"的美称。

大部分生物的血液都是红色，鲎的血液却是十分罕见的蓝色。这是因为它的血液中含有特殊的血蓝蛋白，这种血液对科学研究很有价值，医学上可以用来研究对癌症的治疗。

86．"海里的星星"海星

大海的潮水退去之后，海滩上经常可以看到手掌大小的五角形动物，这就是海星。海星的颜色很鲜艳，几乎每只海星都有差别，有热烈的红色、明媚的黄色、高贵的紫色等等。海星的身体匀称，从位于中心的体盘部向着四周放射出来几个腕，每个腕都是身体的一个对称轴，身体内部的各个器官也都呈现出相应的辐射结构。海星有"五角星"，也有"四角星"或者"六角星"，有一种海星竟然有 40 个腕呢。

⬇ 海星

海星的背部微微隆起来，腹部是平坦的，腹部长着步带沟，沟内生长着缓缓蠕动的管足，里面充满液体。这是海星特有的水管系统的主要部分，也是借水压变化而动的运动器官。这些步带沟的交汇处就是海星的口。

海星有着很强的再生能力，它的这几条腕，无论哪一条脱落了都可以再次生长出来，腕里的器官也都可以再生。不过再生出来的腕往往比以前的小，所以经常可以发现畸形的海星。如果将海星的一条腕捉住，不久这条腕就会在与体盘相连的地方断裂，这样，海星就可以乘机逃跑了。

海星看上去是一种与世无争的海洋生物，实际上，它可是十分喜欢欺负别的生物呢。它不敢招惹那些游得快的海洋生物，就专挑那些和自己一样慢吞吞的小动物进行攻击，海洋里的小动物经常被海星欺凌，海星大量吞噬着各种小鱼和一些蛤类，甚至连自己的同族有时候也不放过。如果蛤类不小心落到了海星"手里"，海星就会先用自己的腕把蛤类环抱住，然后再将腕上的管足用力收缩，直到把蛤类的两贝壳拉开一条缝。这个时候，海星就会从嘴中把自己的胃吐出来，伸到贝壳中，用消化液把蛤类的闭壳肌消化掉，等到贝壳开了，就可以享用贝类鲜美的肉了。

全世界的海星有 1600 多种，中国已经知道的有 100 多种，在中国，海星数量最多的要数黄海。沿海居民没有吃海星的习惯，一般是将海星晒干碾磨成粉来做农肥。海星除了可以做农肥之外，还可以做生物防腐剂，这是因为海星身上有一种特殊的物质，这种物质可以使它死后不招来苍蝇。

87. 具有"超能力"的海参

↑ 海参

海参别名叫海胖子、海黄瓜。它的外形呈圆筒状，大多数海参颜色暗黑，浑身长满肉刺，实在是不大美观，可想而知第一个吃海参的人是很需要勇气的。不过别看海参其貌不扬，它可是和人参齐名的滋补食品。海参营养价值很高，还有着很重要的医药价值。

海参嘴的四周长着一个由20只触手组成的花冠，用来寻找食物，海参喜欢吃一些微藻。不过海参在吃食物的时候，总是会连沙子一起塞到嘴里。一只海参每年塞到嘴里的沙子数量惊人。不过这些沙子并不是没有用的，它们会提供给海参生存所需的有用细菌。

春天的时候，海参的食欲旺盛，夏天就会慢慢减弱，到最后不吃不动，开始休眠。休眠的时候，海参会转移到深海的岩礁缝隙中或潜藏于石底，整个身体收缩变硬好像刺球一样，一般动物不会吃掉它。它一睡就是一个夏季，等到秋后才苏醒过来恢复活动。陆地上的一些动物，像是青蛙、蛇等会在冬季"冬眠"，为什么海参会在夏季"夏眠"呢？那是因为夏季是海参繁殖的季节，海参繁殖后身体很虚弱，就需要"夏眠"静养。

海参是群居动物，生存能力较强，能忍受巨大的温度变化，从0℃到

28℃都能很好地生活，即使在一些溶解氧浓度低氧气的水域里也能健康生活。不过海参对海水的盐度是有要求的，盐度太低的话会影响海参的生存，如果把海参放在淡水里，不一会儿它就会吐出五脏六腑，突然死去。

海参有一种"超能力"是能够再生，海参受到刺激或者环境发生改变时，常常会把自己的内脏排出，等到环境好转之后，经过两三个月，海参会重新长出新的内脏。

海参还具有变色本领。海参能随着所处环境而变化身体的颜色。生活在岩礁附近的海参，身体为棕色或黑色；沙质海底的海参身体颜色则是黄色带斑点；而居住在海草丛中的海参则为绿色。海参的这种体色变化，可以有效地躲避天敌的伤害。

88. 水中"小刺猬"海胆

海胆又叫刺锅子，长着一层精致的硬壳，壳上布满了许多棘，好像一个带刺的仙人球一样。海胆的这些棘可以活动，功能是保持壳的清洁、运动和挖掘泥沙等。除了这些棘，海胆的一些管足也可以从壳上的孔内伸出来，用于摄取食物，感觉外界的情况。世界上现存的海胆有850多种，中国沿海有100多种。不同种类的海胆大小差别很大，小的海胆直径一般只有0.5厘米，大的则可以达到30厘米左右。海胆的形状有球形、心形和饼形。海胆分为雌海胆和雄海胆，不过从外形上很难分辨出来。

海胆常常栖息在裙带菜、海带等藻类生长茂盛、水深四米左右的有沙砾的地方，有时候大潮退下，在海滩上也可以拾到一些海胆。

有些海胆的食用价值很高，它们味道鲜美，营养丰富。用海胆加工而成的罐头食品很受人们的欢迎。海胆壳可以当药使用，在中国台湾的一些地区，心灵手巧的人们还会用海胆壳来做一些贝壳画，别具一格，让人爱不释手。不过也要注意，很多种类的海胆是有毒的，像生长在南海珊瑚礁间的环刺海胆，它的粗刺上长着黑白条纹，细刺是黄色的，在这些细刺的尖端生长着一个倒钩。这个倒钩一旦刺进人的皮肤，毒汁就会注入人的身体，细刺也会断在皮肉中，使皮肤红肿疼痛。

89. 走进珊瑚王国

从海中取出的珊瑚,红的好像热烈的火,黄的好像秋天的菊,绿的好像漓江的水。不同的海域,珊瑚的种类和数量都有着明显的差别。不同的珊瑚在颜色、形状等方面也不同,可谓千姿百态、色彩缤纷。

珊瑚常常被看作是一种植物,甚至是石头,实际上,珊瑚虫是一种腔肠动物。要想了解珊瑚,先要知道珊瑚虫。珊瑚虫是一种腔肠动物,当它还是白色幼虫的时候便自动固定在先辈珊瑚的石灰质遗骨堆上。

珊瑚生长所需要的条件比较苛刻,需要生活在年平均温度高于20℃、水温在25℃~30℃的海域里。阳光也是珊瑚虫生长的必要条件之一。此外,珊瑚虫还要求海水不能过咸,也不能过淡,一般盐度在27左右最为适宜。珊瑚虫喜欢生活在清澈的水域里,因为泥沙会对珊瑚虫的生长造成不利的条件,泥沙不但会妨碍光线的透入,还会沉淀在珊瑚虫群体上抑制珊瑚虫的生长。

珊瑚虫的种类很多,在海洋中最常见到的是六放珊瑚和八放珊瑚。六放珊瑚是触手为6或者6的倍数的珊瑚,八放珊瑚是触手为8的珊瑚。聚在一起成为群体的珊瑚虫,它们的骨架会不断扩大,从而形成形状万千、色彩斑斓的珊瑚礁。有珊瑚虫的地方不一定有珊瑚礁。因为珊瑚礁的形成不单单需要珊瑚，还需要很多的碎贝壳、石灰藻、有孔虫等，这些生物和珊瑚虫死亡留下的骨骼堆积在一起才会形成珊瑚礁。

珊瑚礁为许多动植物提供了生活环境，其中包括蠕虫、软体动物、海绵、棘皮动物和甲壳动物，此外珊瑚礁还是很多鱼类的幼鱼生长地。

珊瑚礁生态系统在自然界中占有十分重要的地位，但是现在珊瑚礁正面临着重大的危机。海水养殖、过度捕捞、气候变暖、海水污染等原因，导致很多海域的珊瑚都大量死亡。珊瑚礁生态系统保护着海岸的生态，它们可以消解海浪的冲击，保护海岸带不被海水侵蚀。珊瑚礁还能维护海洋生物的多样性，为渔业生产提供资源。珊瑚大量死亡会给海洋生态带来巨大的灾难，如果不采取保护措施，更多的大型珊瑚礁将会消失。

90. 海葵和它的伙伴

秋天花园里的菊花虽然赏心悦目,但还是比不上奇妙的"龙宫菊展"。如果有机会乘坐潜水艇到西沙群岛的水下旅行一趟,就会发现自己来到了一个五彩缤纷、繁花似锦的世界:这里盛开着一朵朵美丽的"菊花",它们丰富多姿,晶莹剔透,有的含苞待放,有的金丝下垂,将海底的水晶宫装饰得美丽豪华。不过,如果真的以为这些娇艳的海菊花是一种生长在海水里的花卉可就错了,这美丽的"菊花"实际上是一种动物呢。它们名叫海葵,因为它们可爱的外貌很像是秋天的菊花,所以还有个名字叫作"海菊花"。

海葵的种类繁多,全世界有一千多种,形态大小不一,颜色也各不相同。大的海葵口盘直径有 60 厘米,高 30 厘米;小的海葵直径仅有 0.2 厘米,高 0.05 厘米,比米粒还要小呢。别看海葵个头不大,它的寿命可是挺长的,许多种类的海葵能活好几十年,甚至可以达到"百岁"的高龄呢。

海葵不能走动,固定在一

个地方生活着,它们没有骨骼,躯干部分是圆筒状,它的口盘部分长着许多触手,这些触手就是我们看到的"花瓣"。海葵像是一朵朵五彩缤纷的菊花,给海底增添了生机。然而,这如同菊花瓣一样美丽的触手,也是海葵的"秘密武器",每个触手上都长着许多带有毒性的刺细胞。平时,这些毒细胞会缩入囊内,当触手抓到小动物时,一个个毒细胞便会射出来,使"俘虏"中毒麻醉或者死亡,成为海葵的美餐。

海葵没有腿脚,但是它很擅长和别的小动物合作,在海洋里结交了很多小伙伴,靠着小伙伴的帮助,海葵不但不会饿肚子,还能神气地在海底生活呢。在珊瑚礁中,有一种小鱼和海葵的关系很好,小鱼吃东西的时候总会在海葵的身上,把自己吃剩下的"饭菜"留给海葵,海葵当然也不是只吃不做。它是小鱼得力的保护人,如果有其他动物侵犯小鱼,它会迅速迎战,从触手上的刺细胞里放出毒液喷向敌人,使小鱼免受侵害。

海葵不但外形美丽,生活方式有趣,还有着一定的经济价值。海葵常常会被人养在水族馆里,供人观赏。有些海葵还可以制药,还有一些种类的海葵可以食用。不过要注意的是,越是颜色鲜艳、美丽的海葵,越有可能具有毒性,是不可以随便吃的。

91."漂浮的伞"海蜇

海蜇喜欢生活在半咸半淡的泥沙底质的海口，只要选好了自己的住所，海蜇便一生在附近海域飘来飘去。

仔细观察一下海蜇的样子，它们长得

↑ 海蜇

好像一把漂浮的伞，伞部向上隆起增厚，呈现出半球状。海蜇的直径一般50厘米，最大可达1.5米，它们通常呈青蓝色，触手是乳白色。这些触手是海蜇的捕食器官，海蜇会用它们捕捉一些小型浮游生物。

海蜇看上去很柔弱，实际上"外柔内刚"。海蜇有着属于自己的"秘密武器"——毒液。一旦被海蜇触伤，皮肤表面便会出现红肿热痛、表皮坏死，甚至会出现全身发冷休克的状况。

海蜇还有一种神奇的本领，它能够收听到次声波。什么是次声波呢？人类耳朵可以听到的声波范围，一般为20～20000赫兹，这叫作可听声波。超过这个范围的叫作超声波，低于这个范围的叫作次声波。不管是超声波还是次声波，人类单靠自己的耳朵都是听不到的，然而海蜇却可以听到。空气和海浪会产生摩擦，这种摩擦产生8～13赫兹的次声波，以每秒1450米以上的速度在水里迅速传播着，向人们报告即将到来的风暴。海蜇接收到这种次声波之后，便会迅速从岸边游走，寻找安全的地方，来躲避风浪的袭击。

海蜇的营养极为丰富，还是一味治病良药，是很多中药处方的重要成分。海蜇不仅可药用、食用，还可作为宠物饲养，很多商家喜欢将海蜇的幼体当作观赏生物进行销售。

92. 生命之树红树林

红树林不是单一树种的名称。它是生长在热带、亚热带的河口、海湾的以红树植物为主体的常绿木本植物群落。它既有高达 40 米的乔木,也有矮小的灌木。红树林分布在北纬 32° 到南纬 38° 之间的海域。在中国,红树林主要分布在广东、广西、海南、台湾等地。然而近几十年来,这些地区的红树林都受到了严重的人为破坏,红树林的面积不断减少,需要人们的保护。

红树林是从陆地过渡到海洋的特殊森林,红树采取"胎生"的繁殖方式,种子成熟之后,先在树上萌发抽芽,然后离开母体,落地生根,长成幼树。有的种子随水漂流,遇到土地就安定下来,茁壮成长,因此有着"生命之树"的美誉。海水涨潮的时候,红树林的树干会被海水淹没,这个时候就只能看到海平面上枝叶茂盛的树冠。而落潮之后,则形成一片绿油油的海滩森林,美丽极了。

红树林的作用很大,它们可以使得海岸带土地稳定,抵抗海浪对海岸的侵蚀,避免水土流失,还可以调节气候,净化空气,美化环境。红树林从海底土壤中吸取养分,而它的腐烂枝叶落入海中,又可以成为鱼虾的饵料。红树林是鸟类栖息的天堂,也是鱼虾的乐园。飞翔的海鸟、爬行的招潮蟹、水中的游鱼和红树林一起,组成一幅生机勃勃的美丽图景。

↑ 红树林

93. 变海洋为"草原"的浒苔

浒苔又叫"苔条"、"苔菜",是一种海藻,约有 40 多个种类。它们分布广泛,大多生长在滩涂和石砾上。

浒苔个头小,表面积大,所以吸收养分很快,又因为它们很容易死亡或被动物吃掉,所以一旦有合适的条件,它们就会以惊人的速度不停地繁殖。浒苔本身虽然没有毒性,但是大量繁殖的浒苔会遮蔽阳光,影响海底藻类的生长。浒苔的大面积暴发,是一种海洋灾害。现在,因为全球气候变化和水体的富营养化,海洋浒苔形成的绿潮多次暴发,严重威胁着沿海渔业和养殖业的发展,影响城市形象和海上活动的开展,人们不得不耗费大量的人力物力进行清理。

当然,浒苔也并不是没有用处的。浒苔的营养价值很高,可以食用,新鲜苔条晒干后可以吃,把它切碎磨细后,撒在糕饼点心中有一股特别的香味。还有人们把苔条拌入面粉中作苔条饼,既增色又具独特的清香味。

如今,科学家也正在研究着怎样解决浒苔大面积暴发带来的危害。科学家们通过实验,将浒苔成功转化后制成了一种生物油。根据科学家的介绍,在特定的条件下,这些生物油可以当作低级燃料直接进行燃烧,也可以用来作化工原料。

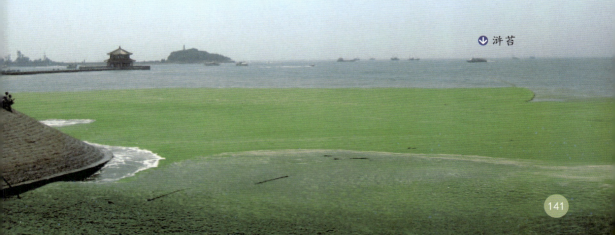

⬇ 浒苔

↑ 海带

94. "长寿菜"海带

提到海带,一定都不陌生,在餐桌上,经常可以看到用它做成的各种菜肴。海带是褐藻的一种,形状好像长长的带子,所以有了这样一个名字。海带是一种很普遍的海洋蔬菜,含有大量的碘,有"碱性食物之冠"的称号。在油腻的食物中搭配上海带,不仅可以减少脂肪在身体里的积存,还可以增加人体对钙的吸收。营养学家认为,海带中所含的热量很低,矿物质却很高,容易消化和吸收,是理想的健康食品,也有着"长寿菜"的称号。

海带的长度为2～5米,宽20～30厘米(在海底生长的海带较小,长1～2米,宽15～20厘米)。海带一般呈褐色,干燥后变为深褐色、黑褐色,上面会有一些白色粉状盐渍和甘露醇。

海带属于亚寒带藻类,是北太平洋特有的海洋物种。分布在朝鲜北部沿海、日本本州北部,北海道及俄罗斯的南部沿海,以日本北海道的青森县和岩手县分布最多,此外朝鲜元山沿海也有分布。我国原来是不产海带的,后来从日本引进了这一品种,首先在大连养殖,后来海带养殖业发展很快。我国北部沿海及浙江、福建沿海大量栽培,产量甚至达到了世界第一呢。

95. 海中摇曳的紫菜

紫菜也叫索菜、子菜、海苔,是一种营养丰富的食用海藻。紫菜一般长 12～30 厘米,养殖的紫菜最长达到 4 米以上。紫菜一般分布在我国辽宁半岛、山东半岛及浙江、福建沿海,朝鲜半岛、日本也产。因为它干燥之后的颜色是紫色的,再加上可以入菜,所以有了"紫菜"这个名字。"海苔"这个名字则主要在日本和韩国使用。

紫菜营养丰富,尤其蛋白质含量很高,一千多年前就已经端上了人们的餐桌,到现在它还是人们预防高血压、癌症和糖尿病的健康食品,被称为"神仙菜"、"长寿菜"、"维生素宝库"。去超市里经常见到的那种质地脆嫩、入口即化的美味海苔,就是将紫菜烤熟之后添加调料做成的。

紫菜长成之后可以反复收割:第一次收割的叫头水紫菜,第二次收割的叫二水紫菜,以此类推。人们以采集时间的先后来判断紫菜的质量。头水紫菜特别细嫩,口感顺滑,颜色乌黑,营养最为丰富。二水紫菜质量稍微差一些,三水紫菜是紫菜好坏的分水岭,四水紫菜质量就比较差了。紫菜的种类很多,常见的种类有坛紫菜、条斑紫菜和圆紫菜三种。

福建东部的霞浦县,是中国的"紫菜之乡"。它是中国南方最早养殖紫菜的地方。霞浦拥有得天独厚的自然环境和气候条件,海岸线漫长、众多天然独立港湾、亚热带季风湿润气候及独有的水温水质条件,很适合紫菜生长,并造就了霞浦紫菜爽口、滑嫩的口感。

96. 奇妙的石花菜

↑ 石花菜

石花菜是红藻的一种，在中国各大海域都可以见到它们的身影。石花菜直立生长，有很多分枝，一般长 20~30 厘米。石花菜生长在浅水区的礁石上，颜色有紫红色、棕红色、淡黄色等，因为它们的形状好像珊瑚一样，所以也叫草珊瑚。除此之外，石花菜还有很多别的名字，在渤海沿海地区，石花菜被叫作牛毛菜、冻菜，在福建地区则被简称为"石花"或者是"红丝"。当听到这些名字的时候，要知道它所说的都是石花菜。每当海水退潮之后，露出水面的石花菜远远看去好像是一束束紫红色的珊瑚花一样，随着潮汐的流动摇曳着，十分美丽。

石花菜的分布很广，属于世界性的红藻。中国沿海石花菜资源很丰富，北起辽东半岛，南到台湾沿海都有分布。不过大部分还是分布在山东半岛及台湾等地沿海。中国产的石花菜有十几种，在不同的海域生长着不同的种类。

石花菜的作用很大，夏天吃可以防暑降温。将石花菜用小火慢慢熬，熬出来的汤汁冷却之后就变成了受大家欢迎的海凉粉，通体透明，清爽可口。另外，石花菜富含丰富的胶质，可以用来提炼琼脂。什么是琼脂呢？琼脂是一种很重要的植物凝胶。平日在超市很受人们喜欢的果冻、布丁、咖啡冻、茶冻等，有些就是用琼脂来做成的。怎么样，石花菜是不是非常奇妙呢？

97. "海藻之王"裙带菜

裙带菜又叫"海芥菜"、"裙带",是一种大型的经济海藻,可能是因为叶片好像芭蕉叶一样,也好像小女孩衣服上的裙带,所以有了裙带菜这个名字。裙带菜是一种冷水性海藻,不能忍受较高的水温,我国自然生长的裙带菜主要分布在辽宁省大连市和山东省的荣成。

↑ 裙带菜

裙带菜在欧美一些国家被称为"海中的蔬菜"。

裙带菜又被称为聪明菜、美容菜、健康菜。裙带菜是微量元素和矿物质的天然宝库。裙带菜还具有营养高、热量低的特点,容易达到减肥、清理肠道、保护皮肤、延缓衰老的功效,很受女性喜欢。日本是世界公认的长寿国,其中主要原因之一就是裙带菜每天必上餐桌。裙带菜已成为日本、韩国儿童和学生营养配餐的必备菜肴。除了营养价值,裙带菜还具有药用价值,可以预防和治疗高血压,真不愧是"海藻之王"呢。

98. 海洋"中药材"蜈蚣藻

地球上的"百足虫"蜈蚣毒性剧烈,被称作"五毒之首",让人害怕。然而在海洋里,有一种被称为"蜈蚣藻"的海藻,不仅没有毒性,还能清热解毒,是一种珍贵的海洋中药材呢。

蜈蚣藻是大型红藻的一种,长度可以达到20~30厘米,在红藻中算是"巨人"了。蜈蚣藻还被叫作海赤菜、冬家烂、膏菜等。它通体呈紫红色,胶质、黏滑,丛丛生长着。如果想亲眼目睹蜈蚣藻,最好到东海海域潮间带的泥沙碎石上去寻找,这里是蜈蚣藻最常生活的地方。浙江沿海水质肥沃,舟山地区的蜈蚣藻长得特别茂盛,碧蓝色的海水映衬着紫红色的蜈蚣藻,真是一幅美丽的景象。

蜈蚣藻含有丰富的维生素、微量元素。除此之外,蜈蚣藻还含有一种特殊的成分,这种成分叫作蜈蚣藻多糖,这种多糖物质具有抗肿瘤、抗病毒、增强免疫力等作用。蜈蚣藻资源丰富,容易采集,成本也低,很有希望被开发成健康食品或者保健药品,造福人类。

↑ 蜈蚣藻

99. 绿色"宝藏"海洋微藻

↑ 螺旋藻　　　　　　　　　　　　↑ 硅藻

　　茫茫的大海里荡漾着各种各样的藻类,在这些藻类中,有一类被叫作海洋微藻。海洋微藻是一些个体较小的单细胞或群体的海洋微型藻类,只有在显微镜下面才能被观察出来。它们种类繁多,广泛分布在陆地和海洋中,现在已经知道的海洋微藻种类已经超过了两万种,它们分别属于绿藻、蓝藻、硅藻、甲藻等等。让我们一起走进海洋微藻的世界,了解一下海洋微藻的大家族吧。

　　对于大型海藻,在日常生活中随处可见,而对于海洋微藻,我们知之甚少。海洋微藻营养丰富,在食品、医药、基因工程、生物能源等领域具有很好的开发前景,是一种蕴含着无限潜力的绿色资源。

　　海洋微藻是地球上最基本、最重要的生产者,没有了它们,其他形式生命的生存便会受到威胁。海洋微藻为其他生命提供了营养源,它们本身是具有营养价值的。人类进行研究后,也能从微藻那里获得所需要的营养。像是现在已经被广泛认识和利用的螺旋藻,就是一种微藻。

　　螺旋藻是一种蓝藻,属于原核生物,喜欢生长在高温碱性的海水环境

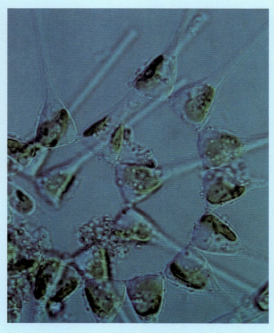

↑ 拟星杆藻

里，因为它的丝状体呈现出螺旋状，所以就有了"螺旋藻"这个名字。螺旋藻可是一个微型的营养宝库，现代人希望从自然界甚至食品中获得的必要的营养，几乎都浓缩在小小的螺旋藻里了。螺旋藻有着不同寻常的营养价值，被称为"明天最好的食品"。

此外，海洋微藻还是具有很大潜力的新能源的原材料之一。虽说结构简单，海洋微藻却能产出一种生物"原油"，这种生物"原油"可用来提炼汽油、柴油、航空燃油，以及作为塑料制品和药物的原料，作用非常大。

此外，海洋微藻还可以应用到医药工业、食品工业、环境监测、生物技术、净化技术等许多领域，用途非常广泛，将深刻改变着人们的生活。这些来历久远、生活在海洋里的微型生物，好像一座巨大的"宝藏"，等待着人类推开它们的大门，好好利用它们。

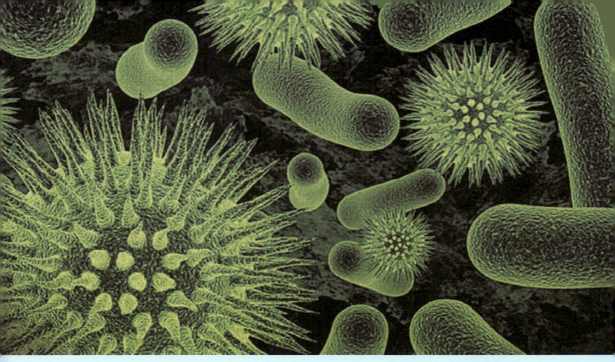

↑ 海洋细菌

100. 形形色色的海洋细菌

提到细菌,很多人一定会皱起眉头,认为它是一种有害的生物。实际上,细菌并不都是有害的,在细菌王国中,也是有着很多有益的细菌。同陆地上一样,海洋中也是有细菌的世界,无论在海水中、海底和海面都有细菌在繁殖生长,甚至在海洋的上空也有细菌存在。

海洋细菌是一类生活在海洋中的原核生物,是海洋微生物中分布最广泛、数量最大的一类生物。海洋细菌体型特别小,一般只有用显微镜才可以看到它们。在近海区,细菌的数量要比远洋区多很多,尤其是内湾和河口的地方,细菌密度最大。每毫升的近海海水中,一般能分离出来 $10^2 \sim 10^3$ 个细菌菌落,有时还会超过 10^5 个;而在每毫升深海海水中,有时却分离不出一个细菌菌落。

海洋细菌对海洋和人类有什么意义呢?它们的存在可以帮助海洋维持生态平衡,促进海洋的自我净化能力。当海洋生态系统的动态平衡遭到某种破坏的时候,海洋细菌就会挺身而出,以自己强大的适应能力和飞快的繁殖速度,积极参与海洋的氧化还原活动,促进新的平衡产生和发展。

形形色色的海洋细菌大家族里，有一些特别的海洋细菌，像是会发光的细菌、会发电的细菌、带"指南针"的细菌等等。海洋中共有七十多种细菌可以发光，这些海洋发光细菌，有的生活在海水中，但更多的是生活在一些海洋动物的身体内，或者存在于海洋生物的残骸中，因此使得这些海洋动物也成了发光体。有些鱼虾年老力衰，长眠于海底，可是它们的尸体仍然会发光，等待着人们将它辨认出来，这就是发光细菌在

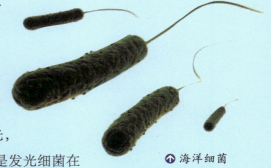

↑ 海洋细菌

发挥着作用。海洋发光细菌喜欢生活在 18℃～25℃ 的海水中，因此在热带和温带的海域中，有机会看到它们令人惊叹的发光现象。当成千上万的发光细菌聚集在夜空下，放射出光芒的时候，海面就好像着了火一样，人们十分形象地把这种发光现象叫"海火"。此外，美国的科学家还发现了能发电的细菌，这种细菌可以人工大量培养，用来做细菌电池。在国外，这种细菌已经被用在了机场的航道灯、信号灯、机场跑道指示灯的电源上了。

图书在版编目（CIP）数据

青少年应当知道的 100 种海洋生物／魏建功主编 . —
青岛：中国海洋大学出版社，2015. 5（2021.12重印）

（海洋启智丛书／杨立敏总主编）

ISBN 978-7-5670-0896-0

Ⅰ . ①青… Ⅱ . ①魏… Ⅲ . ①海洋生物—青少年读物

Ⅳ . ①Q178.53-49

中国版本图书馆 CIP 数据核字（2015）第 089068 号

青少年应当知道的 100 种海洋生物

出版发行 中国海洋大学出版社	
社　　址 青岛市香港东路 23 号	**邮政编码** 266071
出 版 人 杨立敏	
网　　址 http://www.ouc-press.com	
电子信箱 youyuanchun67@163.com	
订购电话 0532－82032573	
责任编辑 由元春	**电　　话** 0532－85902495
印　　制 青岛国彩印刷股份有限公司	
版　　次 2016 年 1 月第 1 版	
印　　次 2021 年 12 月第 5 次印刷	
成品尺寸 170 mm × 230 mm	
印　　张 10.75	
字　　数 80 千	
定　　价 28.00 元